礼文 花の島を歩く

杣田美野里
宮本誠一郎

北海道新聞社

ようこそ花の島へ

日本列島の北の端に矢尻のような形をした島があります。
この島には海のすぐ近くからたくさん花が咲きます。
氷河の時代からこの島に住んでいる花たちです。
そして魚を捕り、畑を作り、客をもてなして
3000人ほどの島人が暮らします。
なだらかな丘を結ぶ小径が何本もあって、
歩くことを楽しむのにちょうどよい小さな島です。
寒く暗く長い冬。
その分だけ短い夏は輝きます。
海を渡ってくる風は島をたたき、磨きます。
湧き上がる海霧は島を潤します。

私たちが礼文島に住んで20年がたちました。
旅する人に伝えたい花のこと、自然のこと、暮らしのこと、
両の手に持ちきれないほどたくさんたまりました。
そして昔、この島をはじめて旅したころの気持ちを
忘れずにいたい、と最近思います。
島人と旅人。
二つの気持ちを揺らしながら、3度目の新しい本を編みました。
旅する人ひとりひとりに、それぞれの「花の島の旅」が
育まれることを祈ります。

レブンキンバイソウ咲く桃岩歩道 09.6.16. M

礼文 profile

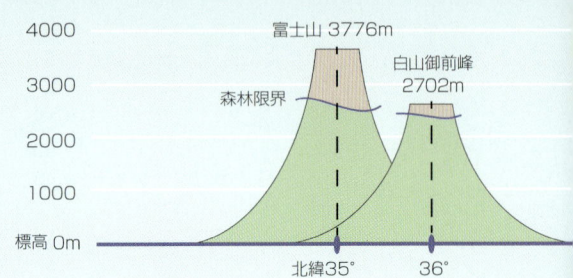

日本の高山の
森林限界と高山帯

高山植物のふるさとの島

　高山植物の祖先は、氷河時代に栄えた寒冷な気候を好む植物です。礼文島は地質学上の第四紀（約260万年前から現在）に何度も訪れた氷期に海面が低下して大陸と陸続きになったり、海面が上昇してまた島になったりを繰り返しました。最後の氷期が終わった約1万年前からは、南下していた寒地植物たちは島となった礼文島に隔離されることになりました。本州でも、冷涼な高山帯でこれらの寒地植物は生き延び、高山植物と呼ばれるようになりました。

　高山植物は、高山の森林限界周辺やその上部を主なすみかとする植物のことです。日本では高山帯の目安となる植物の一つにハイマツがあります。標高が高くなり、寒冷な気候と強風で高木が生育できなくなるところが「森林限界」で、そこから上部はハイマツなどの矮小な樹木や草本が生育します。森林限界は本州の高山では標高2500m、大雪山系では1700m、利尻山では800m付近です。礼文島では礼文岳の森林限界は350mあたりですが、場所によっては、標高わずか20mでハイマツが出現するところもあります。（図上）

島の東西で棲み分ける植物

　礼文島の厳冬期の最低気温はマイナス14度ぐらいで、北海道内陸部のマイナス30度にもなるところと比べるとそれほど低くはありません。でも北西の季節風はとても強く、スコトン岬の12月、1月の平均風速は秒速9mほど、最大では秒速20m以上の風が記録されています。積雪が1m以上ある地域では雪が毛布代わりになり、地表面はマイナス1度前後

桃岩歩道では、向かって右手の西側斜面は高山植物が、左手の東側にはササが棲み分ける様子が観察できる。

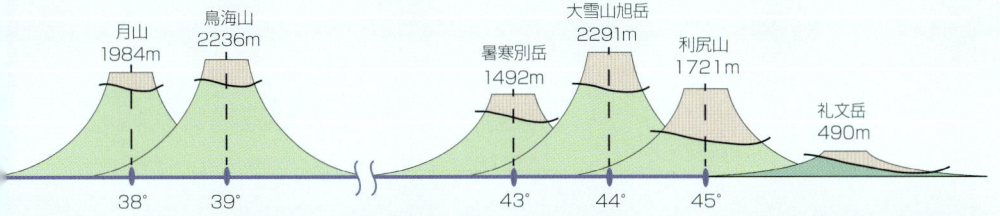

までしか下がりません。ところがスコトン岬や桃岩歩道など冬の北西の風が直接当たる地域では、雪は吹き飛ばされ、むき出しの地表は凍結します。夏の桃岩歩道では東にササ原、西に花畑を見ることができます。これはササの根が凍結に弱く、雪の付かない尾根から西側では生育できないためです。

　次に宇遠内山道を例にとって植物分布の違いを見てみましょう（図右）。東の香深井側はトドマツが高く伸びて森をつくり、ダケカンバが混じる亜高山帯の植生です。峠を越えて北西の季節風の当たる地域に出ると、視界は開け高山帯植生へと一変します。急斜面に高山植物の花々が生育するロックガーデンのような景観が広がります。このように、標高ではなく東西で植物が棲み分ける礼文島は高山ではありませんが、本書では生育する寒地植物を「高山植物」、それらが生育する西側地域を「高山帯」と呼んでご案内していきます。

　日本で最も海に近い高山帯が、礼文島の授かったたぐいまれなる財産です。

トドマツの風衝木。宇遠内山道の峠付近では、強風のため西側に枝のない樹形のトドマツが見られる。

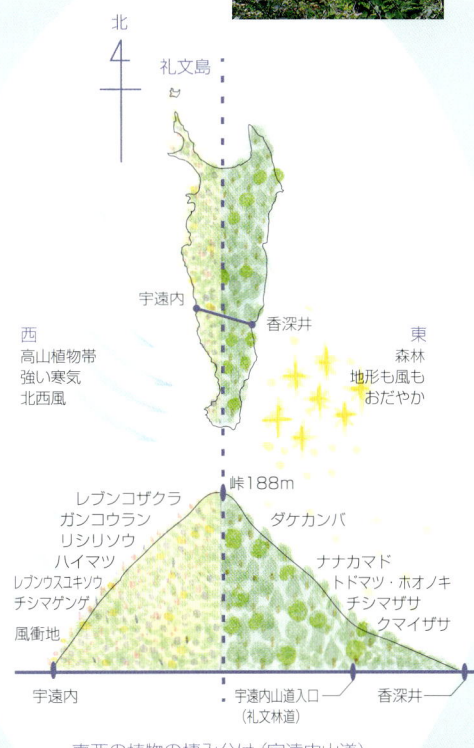

東西の植物の棲み分け（宇遠内山道）

5

海成段丘。
赤岩付近から上泊方面を眺める。

周氷河地形。
エリア峠から礼文岳方向を眺める。

礼文島の生い立ち

　この島に高山植物の花たちがすむようになったのは、実は礼文島の気の遠くなるような永い歴史の中ではつい最近のお話です。1億4600万年前にさかのぼって島の誕生物語は始まります。礼文島の基盤は白亜紀前期（約1億4600万年前から1億1200万年前）に堆積した地層で「礼文層群」と呼ばれ、元地地蔵岩付近にその中でも最も古い地蔵岩層が見えています。哺乳類が栄え、日本列島の骨格がほぼ完成した時代のものです。また北と南に新第三紀（約2300万〜260万年前）に堆積した浜中層、メシクニ層、元地層が分布しています。

海成段丘と周氷河地形

　東海岸の赤岩、上泊、金田ノ岬などでは海岸線から一段高い位置に平らな丘陵地帯が観察され、この段丘を「海成段丘」または「海岸段丘」と呼びます。平らな面は昔の海底面で、浸食堆積作用により形成されたもの。約13万年前の地殻変動で隆起して地上に現れたとされています。隆起した証拠に、土が露出した部分には波に洗われた円い石が観察できます⑴。
「エリア峠」や「礼文森林の丘」から礼文岳を眺めると、なだらかな山々の稜線と幾筋もの浅い谷の様子が観察できます。このなだらかな斜面は「周氷河性平滑斜面」と呼ばれます。最終氷期（約7万年前から1万年前）に穏やかに浸食が進み、つくられたとされます。寒期に土壌中の水分が凍結、硬い岩石も凍裂し、氷に持ち上げられます。そして、暖期には氷が解けて水になり、土砂を下方に移動させます。凍結・溶解をゆるやかに繰り返すことで、なだらかな斜面が形成されたとされています⑵。

標高249mの桃岩は、海底に堆積した含水堆積物に約1300万年前にマグマが貫入して固まった火成岩。桃の形をしたドーム状で、同心円状の板状節理や放射状に伸びる節理が観察できる。

標高48mの地蔵岩は、水平に堆積した地層が地殻変動で直立し、さらに海食などで周りの軟らかい部分が削られたもの。付近ではアンモナイトの化石も見つかっている。

島の先住民

　南端の知床付近では約1万5000年前の旧石器時代の石器が見つかっており、これが最も古い遺跡です。定住したのは縄文時代中期からで、船泊にはおよそ3800～3500年前の縄文時代後期の大きな竪穴式住居やお墓が発掘されています。ここでは海獣を狩猟して生活するだけでなく、メノウ石を使ってビノス貝の貝殻から平玉を加工していました。さらに、この貝製平玉で遠くシベリアとも交易していた可能性があるそうです(3)。

● もっと詳しく知りたい方は礼文町郷土資料館（→P90）にお立ち寄りください。

海獣と海鳥、渡り鳥の島

　冬期間、海岸ではゴマフアザラシ、沖ではトドやオットセイが見られます。また、シャチやオオギハクジラなどクジラの仲間も回遊しています。越冬する鳥は海鳥がほとんどでオオワシ、オジロワシ、シロカモメやワシカモメ、ヒメウ、シノリガモが多く見られます。数は少ないですが、森にはヒガラやゴジュウカラなどのカラ類やアカゲラ、ミヤマカケス、ウソなどが生息しています。留鳥は少なく、夏鳥としてはコマドリ、ウグイス、アオジなどが多数繁殖し、春と秋に通過する旅鳥を含めると300種余りが確認されています。渡りの時期には、島にあふれんばかりのツグミ類の大群や海を渡る数千羽ものハシボソミズナギドリも見られます。

　陸上の動物は少なく、ヒグマやエゾシカなどの大型の哺乳類、ヘビやトカゲなどの爬虫類は棲息していません。両生類はエゾアカガエル、エゾサンショウウオ、小型哺乳類はホンドイタチ、エゾシマリス、コウモリ5種、ネズミ2種、トガリネズミ2種を確認しています。

● 参考文献　(1) 植木岳雪「利尻島礼文島の海成段丘」利尻研究19 (2000年) ／(2) 道北地方地学懇話会編『地質あんない　道北の自然を歩く』北海道大学図書刊行会(1995年)／(3) 国立歴史民俗博物館図録「北の島の縄文人―海を越えた文化交流―」(2000年)

礼文
profile

花の島を歩く人へ

島の気候

　サハリンの西から南下するリマン寒流と日本海を北上した対馬暖流が出合う海域のため、周辺は豊かな漁場です。暖流の影響でオホーツク海からの流氷の流入は少なく、冬の最低気温はマイナス14度ぐらい。7～8月には最高気温が30度近くまで上がる日もありますが、湿気が少なくさわやかです。でもオホーツク海高気圧から吹き出す北東の風や、西海岸から湧き上がる海霧の影響で、夏でも最低気温10度ほどの寒い日もあります。

マップページについて

　優れた歩道を多く持つ礼文島です。景観が良く、花が多いこと。距離や高低差が多様で、歩く人の体力や嗜好でいろいろなコースが選べること。それがこの島にリピーターが多い理由でもあります。この本では、島を歩いて楽しんでいただくためにイラストマップを充実させました。

　靴マークはそれぞれのコースの難易度を表しています。各自の体力や天候などを考慮して散策の計画を立ててください。マップはわかりやすさを優先して作ったため、方位や距離は実際とは異なります。散策にかかる時間は個人差がかなりあります。掲載したコースタイムはあくまでも目安と考えてください。無理をせず、ゆったりと島旅をお楽しみいただけたらと思います。

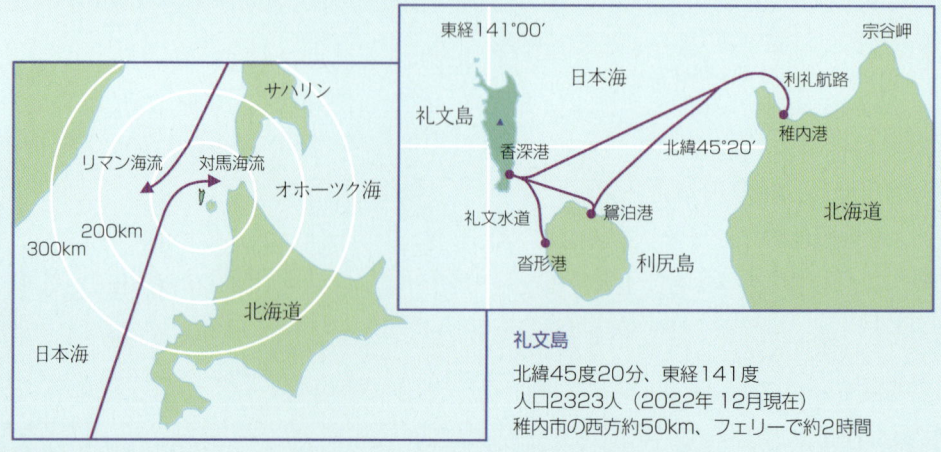

礼文島
北緯45度20分、東経141度
人口2323人（2022年12月現在）
稚内市の西方約50km、フェリーで約2時間

- ●靴マークの目安

 初心者向き　2時間以内、2km前後。比較的整備された歩道を歩く。礼文島がはじめての人、短い距離で楽しみたい人へ。

 中級者向き　3時間程度、5km前後。自然度の高い歩道を歩く。花や自然を観察しながらゆっくり楽しみたい人へ。

 健脚者向き　4時間以上、10kmぐらい。自然度の高い歩道、整備された歩道、自動車道路を歩く。長距離を歩いて自然を満喫したい人へ。

- ●路面状況をラインで

コースマップには茶色の番号とラインが入っています。ラインには下の四つの種類があります。コースの状況をイメージしてみてください。

 舗装なだらか　 未舗装なだらか　 舗装急勾配　 未舗装急勾配

服装や持ち物のアドバイス

散策を楽しむために、寒さや風に対する装備をしておきましょう。夏でも長そでの上着や雨具を携帯するのが基本です。長そではウルシ対策にも有効。島内にはツタウルシが多いので、かぶれないためにできるだけ肌を露出しないようにしてください。かぶれは体質により大きな個人差があります。

観光ポイントにはトイレが整備されていますが、山道にはありません。事前に場所を確認して計画的に利用してください。

国立公園や国有林では許可なく歩道以外に侵入したり動植物を採取することはできません。場合によっては処罰されることもあります。礼文島の自然を美しいまま上手に利用していくために、ご協力をお願いします。

帽子
風に飛ばされないためのひも付きクリップ
フード付き長そでジャケット
●リュックの中身
雨具（寒い時には防寒着になる）
弁当、飲み物、
行動食（チョコレート、あめ）
虫除け、虫さされの薬
地図
筆記用具
時計
軍手
●あれば便利なもの
花や鳥の図鑑、双眼鏡、ルーペ、スケッチブック、カメラ、日焼け止め
バスの時刻表（宿や観光案内所にあり）
伸縮性のズボン
軽登山靴

●ツタウルシに注意
ツルを伸ばして地面をはい、木には い登る。3枚の葉がセットになっているのが特徴。触れないよう注意。かぶれた場合は早めに薬を塗る。

目次

ようこそ花の島へ ‥‥‥2
礼文profile 高山植物のふるさとの島 ‥‥‥4
花の島を歩く人へ ‥‥‥8
礼文島map ‥‥‥10

第1章　エゾエンゴサクのころ　4月上旬〜5月中旬 ‥‥‥12
久種湖と森林の丘map ‥‥‥14

第2章　アツモリソウのころ　5月下旬〜6月上旬 ‥‥‥20
岬めぐりmap ‥‥‥22
消えゆく花たち 礼文島の希少種 ‥‥‥32

第3章　レブンシオガマのころ　6月中旬〜6月下旬 ‥‥‥36
桃岩歩道map ‥‥‥38
セリ科11種 ‥‥‥46

第4章　ウスユキソウのころ　6月下旬〜7月中旬 ‥‥‥50
礼文林道map ‥‥‥52

第5章　ツリガネニンジンのころ　7月下旬〜8月下旬 ‥‥‥62
礼文岳map ‥‥‥64
8時間コースmap ‥‥‥72

第6章　秋から冬へ　9月上旬〜3月 ‥‥‥82

礼文 旅あんない ‥‥‥90
索引／礼文島の植物リスト ‥‥‥92

エゾエンゴサク咲く桃岩展望台
09.5.10. M

4月上旬〜5月中旬

第1章
エゾエンゴサク のころ

海と空　二つの青に抱かれた
菁い大地の小さきものたち

　グレーに塗り込められた冬が終わり、力を増した陽光に空にも海にも青が戻りました。残雪の利尻山の肌も、湿り気のある大気を透かして青く霞んでいます。
　島ではエゾエンゴサクを「雨降り花」と呼びます。「この花を摘むと雨が降る」といわれますが、昔の島の子はそんなのおかまいなし。ママゴトでは蕗の葉で巻いて寿司を作ったり、おやつがわりに花弁の蜜を吸ったり、身近な遊び相手だったそうです。
　花の島の春は、このエゾエンゴサクの明るい青で始まります。

13

久種湖と森林の丘 map

coursemap

なだらかな優しいラインを見せる周氷河地形の丘に囲まれて、最北の湖・久種湖(くしゅこ)はあります。湖面や湖畔の湿原には、この時期たくさんの渡り鳥がしばし羽を休めます。雪解けを追うようにミズバショウの群落も次々開花して、春の湖はにぎやかです。久種湖キャンプ場を起点に散策するコースをご案内します。

🥾 湿原の花と鳥コース ● 1.7km・40分

キャンプ場からミズバショウ駐車場まで久種湖湖畔を歩く。カモ類やサギ類などの水辺の鳥が観察できる。③〜④は雪が遅くまで残り、ぬかるみやすい。逆コースや往復もいい。

ダイサギ　13.5.15

アオサギ　14.3.29

マガモ　15.4.22

オシドリ　16.5.10

4月、氷が溶けた湖畔には多数のカモやサギの仲間が訪れます。ほとんどはさらに北へと渡りますが、ダイサギ、マガモなど少数の鳥たちは久種湖で夏を過ごします。

路面の状況

- 舗装 なだらか
- 未舗装 なだらか
- 未舗装 急勾配

5〜7月は水鳥たちの子育ての季節。静かに見守ろう。

水芭蕉と座禅草

ザゼンソウ 座禅草 サトイモ科
11.4.22. 久種湖 M

ミズバショウ 水芭蕉 サトイモ科
09.4.19. 久種湖 M

可憐(かれん)ではかなげなミズバショウと無骨(ぶこつ)で素朴なザゼンソウ。
ミズバショウは水辺に大群落をつくり、種も水流で運ばれます。
ほのかな芳香があり、霜に弱くすぐに茶色く傷みます。
ザゼンソウはミズバショウより乾いた場所を好み、種は野ネズミなどが
運ぶそうです。自らわずかに発熱し、寒さや霜にも強く、異臭があります。
雪が解けたばかりの湿原に咲く同じサトイモ科の個性的な兄弟です。

エゾノリュウキンカ
蝦夷立金花 キンポウゲ科　別名ヤチブキ。
山菜にも。花弁のように見える5枚の黄色
いがく片が日に輝いて金色に見える。
08.4.23. 久種湖 M

エゾエンゴサク 蝦夷延胡索 ケシ科
花の色は白色から赤紫、青色と変化に富む。
江戸屋山道などの群落地には甘い香りが漂
い、目覚めたばかりのマルハナバチが集う。
11.5.18. 礼文滝 M

ナニワズ
難波津
ジンチョウゲ科
小低木で雌花株と両性花株があり、雌花のほうが小さい。花はジンチョウゲに似た香りがする。ナツボウズとも呼ばれ、夏には葉が落ちる。
09.5.17. 礼文林道 M

アキタブキ
秋田蕗 キク科
別名オオブキ。雌株と雄株があり、雌株は花の後花茎を伸ばして、冠毛のついた実を風に飛ばす。初夏に葉茎を収穫し山菜として利用。
11.4.25.
桃岩歩道 M

ヒトリシズカ
一人静 センリョウ科
鎌倉時代の美女、静御前の舞姿に例えたという。花弁・がく片はなく、花糸と雌しべで花を形作る。
08.5.18. 宇遠内 M

オオバナノエンレイソウ
大花延齢草 シュロソウ科
3枚の葉、3枚のがく、そして3枚の白い花弁が特徴的。桃岩展望台周辺の群落は背丈は小さいが見事。
11.6.3. 香深井 M

エンレイソウ
延齢草 シュロソウ科
3枚の赤い花弁のように見えるのはがく片(外花被)にあたり、花弁(内花被)はない。花が緑色の個体もある。
11.5.23. 桃岩登山道 M

17

キジムシロ 雉筵 バラ科
海岸から山の上まで広域に咲く。丸く広がった株をキジが座る筵(むしろ)に見立てたという。花の径は2cmほど、雨天や夜に閉じる。
08.5.19. 桃岩歩道 M

フデリンドウ
筆竜胆 リンドウ科
背丈2cmで花の径は1cm以下。礼文のものは特に小さい。二年草で他の花に先駆けて咲き、緑が茂ると埋もれてしまう。
09.5.25. 桃岩歩道 S

コキンバイ
小金梅 バラ科
草原または林内に咲く。長い地下茎から高さ10cmほどの細い花茎を出す。葉は3小葉で、両面に毛がある。
09.5.13. 桃岩歩道 M

ショウジョウスゲ
猩々菅
カヤツリグサ科
草原のあちこちで株立ちし、越冬した葉が目立つ。花が終わるころには他の草に隠れて目立たなくなる。
08.4.17. 桃岩歩道 S

エゾイチゲ 蝦夷一華 キンポウゲ科
別名ヒロハヒメイチゲ。普通白いがく片が6枚、ヒメイチゲよりも大型で葉も広いことで見分けるが、桃岩歩道では見分けにくい個体もある。08.5.18. 香深井 M

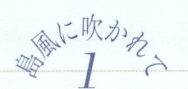

小さな畑

「雨降り花」に誘われるように雨は島を暖め、残雪をどんどん解かします。雪解け水を集めた小川がゴウゴウと勢いを増し、そのふちにはフキノトウが満開に。そのころ桜前線はまだ関東あたりを北上中です。

さあ、そろそろ畑の準備をしなければなりません。島で作られるのは大根やジャガイモ、ほうれん草などの青菜類。平らな土地の少ない礼文島ですが、六畳くらいの小さな畑があちこちに花壇のように作られています。

忙しい漁業の合間をぬって、昔から各家庭で野菜が作られてきました。北海道本島から新鮮な野菜が運ばれてくる現代でも、畑作りは島人の楽しみの一つとして丁寧に行われています。

センボンヤリ 千本槍 キク科
別名ムラサキタンポポ。花弁は白色に紫色を帯びる。秋に長い花茎を持つ閉鎖花を付ける。その花や実の様子を大名行列の千本槍に見立てた。
08.5.5. 礼文林道 M

ヒメイチゲ 姫一華 キンポウゲ科
花弁はなく、白いがく片が5枚。葉が3枚輪生して細く3裂する。林内から草原まで広く分布する。
11.5.16. 桃岩歩道 M

小さな畑に柔らかそうなネギが育つ。
畑の周りにはフキノトウがたくさん顔を出して、
山菜のシーズンももうすぐ。05.5.12. M

19

エゾノハクサンイチゲの群落
10.6.12. 礼文林道 M

5月下旬〜6月上旬

第2章
アツモリソウ
のころ

海霧に　ハクサンイチゲ群れ咲けば
　神が造りし花園と知る

　今年もエゾノハクサンイチゲが咲きました。別名をカラフトセンカソウ。その名はこの花の群れ咲く様子を表しています。
　礼文の丘の花の季節の始まりを宣言する花です。朝日、夕日を追いかけて花は向きを変えながら背丈を伸ばし、咲き進みます。白い花弁に見えるのはがく片で、蕾(つぼみ)のときは緑色、徐々に濃厚なミルクのような色に変わります。

21

岬めぐりmap

礼文島北西部には美しい岬が四つあります。最北限のスコトン岬、海食崖(がい)のゴロタ岬、赤い鳥居の稲穂岬、青い透明な海の澄海(すかい)岬。風と波が削り出した厳しい断崖に、高山植物や海岸の植物が優しい色彩を添えます。岬を登っては降り、登っては降り。絶景の連続ですが、強い海風にも注意しましょう。

二つの岬とレブンアツモリソウ群生地コース ● 4km・2時間

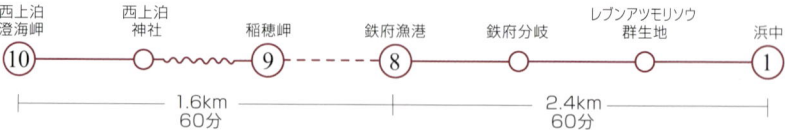

西上泊澄海岬	西上泊神社	稲穂岬	鉄府漁港	鉄府分岐	レブンアツモリソウ群生地	浜中
⑩		⑨	⑧			①

1.6km / 60分　　　2.4km / 60分

⑩まではタクシーなど車を利用。200m先の澄海岬を見てから自動車道を5分ほど戻り、西上泊神社の鳥居をくぐって峠道を登る。先端に赤い鳥居のある稲穂岬を左に見ながら鉄府の海岸に降りる。鉄府漁港からは車道を浜中に向かう。

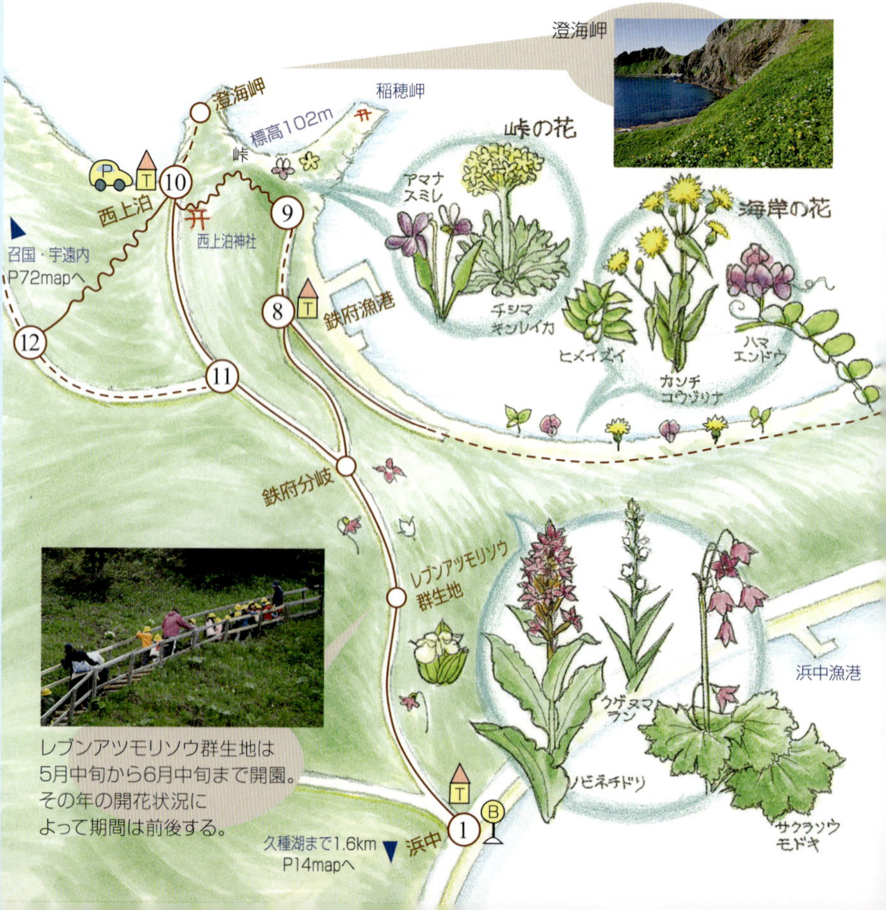

レブンアツモリソウ群生地は5月中旬から6月中旬まで開園。その年の開花状況によって期間は前後する。

路面の状況

舗装 なだらか

未舗装 なだらか

未舗装 急勾配

ゴロタ岬と江戸屋山道コース ● 5.4km・2時間10分

| スコトン岬 ③ | — 1km 20分 — | ④ | — 0.4km 10分 — | 鮑古丹北口 ⑤ | — 1.9km 40分 — | 登山口 ⑥ | 〜 0.7km 20分 〜 | ゴロタ岬 ⑦ | 〜 0.7km 20分 〜 | 登山口 ⑥ | — 0.7km 20分 — | 江戸屋 ② |

スコトン岬でバスを降り江戸屋山道を歩く。⑤で道は浜と山方向の二つに分かれるが、⑥ゴロタ岬登山口で合流する。ゴロタ岬まで往復してから江戸屋に向かう。

岬めぐりコース ● 12.8km・5時間20分

| スコトン岬 ③ | — 3.3km 60分 — | ⑥ | — 0.7km 30分 — | ゴロタ岬 ⑦ | 〜 3.7km 90分 〜 | 鉄府漁港 ⑧ | --- | 稲穂岬 ⑨ | — 1.6km 60分 — | 西上泊 澄海岬 ⑩ | 〜 ⑪ 〜 | レブンアツモリソウ群生地 ○ | — 3.5km 80分 — | 浜中 ① |

四つの岬を踏破して、アツモリソウ群生地を経由するコース。余裕があれば、さらに久種湖まで1.6km・30分を歩くのもよい。

凡例:
- Ⓑ バス停
- Ⓣ トイレ
- Ⓟ 駐車場

●地図内の地名は通称で、看板のないものもあります。

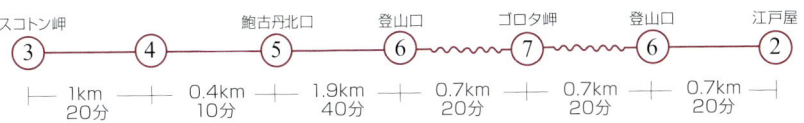

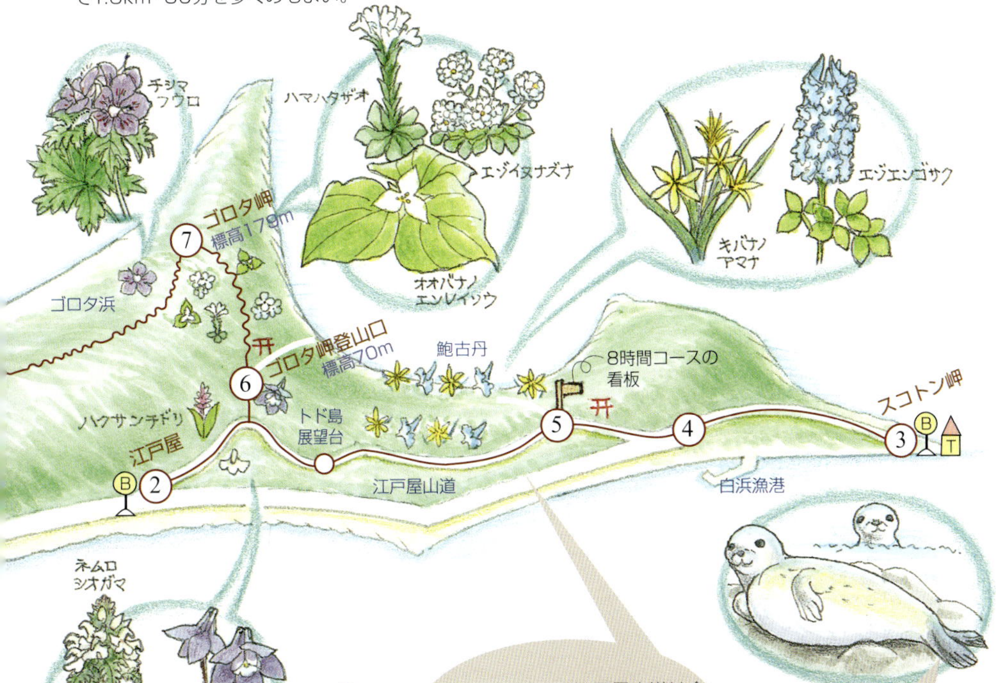

江戸屋山道は全面舗装された山道で歩きやすく花も多いが、大型バスも一方通行で走る。

ゴマフアザラシ。泳いだり、岩に上がる姿が見られる。

23

盗掘の歴史を越えて
レブンアツモリソウ

実を結んだレブンアツモリソウ
09.10.10. M

レブンアツモリソウは「種の保存法」による特定国内希少野生動植物種、北海道の天然記念物に指定されています。その個性的な美しさと希少性から人気が高く、1990年ごろまで大量の盗掘が毎年のようにありました。現在、群生地は柵で保護され、パトロールに見守られ、3000～4000の開花株が自生しています。生態の研究も進み、保護増殖の技術も確立されてきましたが、まだまだ安心というわけではありません。

　この花は、「簡単には増えないが長生きする」という生活史を持っています。条件の良い年でも10本に3本くらいしか実を付けません。一つの蒴（種子の袋）には、粉のように軽く小さな種子が1万粒以上も入っているそうです。その種子は土中の共生菌の力を借りないと発芽・成長できません。そして運よく発芽した苗も、花を付けるまでには少なくとも6～7年はかかります。成長した株は、秋に地上部は枯れますが、また春に芽吹いて数十年も生きる多年草です。

　花粉を運んでいるのは主に、ニセハイイロマルハナバチの女王蜂であることがわかっています。でもレブンアツモリソウは蜜を出さず、花粉も餌には向かないので、ハチがなぜこの花を訪れるのか不思議です。周りに蜜や花粉を餌として提供してくれる花がなければ、レブンアツモリソウにハチがやってくることはないでしょう。ともに咲く花や虫など、多様な生態系のつながりがレブンアツモリソウの受粉を支えています。

参考文献：
「レブンアツモリソウとの共生をめざして」
独立行政法人 森林総合研究所（2010）

蜜を出す花のネムロシオガマとともに咲く
11.6.11. 鉄府海岸の保護地区 M

レブンアツモリソウ
礼文敦盛草 ラン科
環境省絶滅危惧
ⅠB類(EN)
11.6.11. 鉄府 M

アツモリソウ 敦盛草 ラン科
花色の赤いアツモリソウは北海道と本州中部以北に自生するが、どこも盗掘で数を減らしている。
環境省絶滅危惧ⅠB類（EN）
08.6.5. 鉄府 M

レブンアツモリソウ群生地の花

見学者通路は50mほどと長くはありませんが、
レブンアツモリソウ以外にもいろいろな花が咲きます。
近縁種のカラフトアツモリソウは赤茶と黄色の2色の細長いアツモリソウで、
見学者通路脇で1980年代に発見されました。
礼文島に自生したものなのか、持ち込まれたものなのか、検証が進められています。
レブンアツモリソウとの雑種と確認された個体もあり、花粉を除去するなどの
経過措置が環境省によって行われています。
この他に花色の赤い「アツモリソウ」も、クリーム色のレブンアツモリソウより
数は少ないですが、礼文島に昔から自生しています。

参考文献：「特定国内野生動植物の保全に関する提案書」独立行政法人 森林総合研究所（2009）

マイヅルソウ
舞鶴草 キジカクシ科
2枚の葉を左右に広げた様子を鶴が翼を広げて舞う姿に見立てた。葉はハート形。10.6.14. 礼文林道 M

カラフトアツモリソウ
樺太敦盛草 ラン科（近年未開花）
世界的にはヨーロッパ、シベリア、サハリンに分布。礼文島自生種かどうかは不明。11.6.13. 鉄府 S

クルマバツクバネソウ
車葉衝羽根草 シュロソウ科
林内に咲き、葉は車状に6〜8枚輪生し、羽根衝きの羽根に似た黄緑色の花をつける。10.6.7. 香深井 M

ハクサンチドリ 白山千鳥 ラン科
石川、岐阜の県境にある高山・白山から名付けられており、本州では高嶺の花。車道でも普通に見られ、赤紫から白色まで変化に富む。
10.6.14. 礼文林道 M

ノビネチドリ 延根千鳥 ラン科
葉がエビネランに似るが、根がまっすぐ伸びる。花色は白から濃い赤まで変異があり、大きいものは高さ50cm以上にもなる。
08.6.5. 桃岩歩道 M

アオチドリ 青千鳥 ラン科
緑色の目立たない野生ラン。桃岩歩道など草原には苞葉の短い変種のチシマアオチドリがある。
06.6.17. 鉄府 S

ヒメイズイ 姫萎蕤 キジカクシ科
名前は小さなアマドコロ類の意。海岸から草原まで広い範囲で見られ、礼文のものは特に背が低く、花が地面に付いてしまう。
11.6.16. 西上泊 M

オオバナノミミナグサ
大花耳菜草 ナデシコ科
ミミナグサは葉の形がネズミの耳の形に似ていることから名付けられた。礼文島にはミミナグサ、オオミミナグサも見られる。
10.6.19. 鉄府 M

ネムロシオガマ
根室塩竈 ハマウツボ科
北海道の根室地方で見つかり名付けられた。海岸から山の上まで生育している。まれに赤花があり、カフカシオガマと呼ばれる。
09.6.9. 桃岩歩道 M

クゲヌマラン
鵠沼蘭 ラン科
神奈川県の鵠沼から名が付いた。ギンランの変種で、「距」がほとんど突き出ないことで区別する。09.6.8. 鉄府 M

エゾノハクサンイチゲ
蝦夷白山一華 キンポウゲ科
他の花に先駆けて大群落をつくる。利尻山上部では7月初旬に開花。標高の関係で礼文では1カ月ほど早く咲く。まれに八重咲きの株もある。
09.5.27. 桃岩歩道 M

ミヤマハンノキ
深山榛の木 カバノキ科
沢沿いでは5〜6mにもなるが、風の強い桃岩歩道では地をはうように伸びる。厳しい環境に適応して高山植物とともに生育する。
06.6.2. 桃岩歩道 S

クロユリ
黒百合 ユリ科
背の高い草に隠れ、ひっそりと咲く。雄花と両生花があるが、結実しない。恋の花とも唄われるが、恋も覚める悪臭がある。
08.6.2. 久種湖 M

サクラソウモドキ
桜草擬 サクラソウ科
花は下向きに咲き始め、散る間際には上向きになる。礼文島では沢沿いから草原まで見られるが、北海道内の生育は局所的。
08.5.18. 宇遠内 M

コミヤマカタバミ
小深山傍食 カタバミ科
天気が悪いと昼間でも花を閉じる。カタバミの仲間は、林縁にはエゾタチカタバミ（黄色）、車道沿いにカタバミ（黄色）もある。
11.6.3. 礼文林道 S

シラゲキクバクワガタ
白毛菊葉鍬形 オオバコ科
高さ5〜10cm、全体に白い毛がある。葉は菊の葉に似る。花は4裂し、2本の雄しべが長く突き出て、外来種のオオイヌノフグリに似る。
08.5.17. 礼文林道 M

スズラン
鈴蘭
キジカクシ科
別名君影草。花は葉の陰に隠れて目立たないが、群落の傍を通ると甘い香りで開花に気付く。
10.6.21.
桃岩歩道 M

ヒメハナワラビ
姫花蕨 ハナヤスリ科
高山性のシダの仲間。花のように見える部分は胞子葉で、茶色く熟す。10.6.25. 桃岩歩道 M

エゾイヌナズナ 蝦夷犬薺 アブラナ科
09.5.17. 礼文滝 M

潮騒を聞く
ナズナたち

エゾイヌナズナは海岸から高山帯まで見られ、場所によっては大きな丸い株を作ります。葉は茎を抱かず、実がねじれているのが特徴です。
タカネグンバイは
高山帯に咲く北海道固有種です。
エゾイヌナズナとよく似ていますが、葉の基部がハート形になって茎を抱き、実は軍配形になることで見分けます。

チシマゼキショウ
千島石菖
チシマゼキショウ科
葉だけ見るとスゲの仲間に見えるが、アップで見ると花びら6枚の花がたくさん集まって花序を作っている。
05.6.14. 礼文滝 M

タカネグンバイ 高嶺軍配
アブラナ科 11.5.9. 桃岩歩道 M

キバナノアマナ
黄花甘菜 ユリ科
08.4.23. 久種湖 M

ホソバノアマナ
細葉甘菜 ユリ科
08.5.19. 桃岩歩道 M

エゾヒメアマナ
蝦夷姫甘菜 ユリ科
11.5.16. 桃岩歩道 M

甘菜

キバナノアマナは湿原から高山帯まで広く分布し、葉は広い線形、肉厚で帯粉します。特に甘くもないが苦くもなく、春一番の山菜としても利用されます。
エゾヒメアマナは桃岩歩道などで見られ、繊細で葉は細く、帯粉しません。
ホソバノアマナは3稜(りょう)がある線形の根出葉が1枚、白色の花を1～5個付けます。礫地(れき)にはチシマアマナが生育しますが、まれです。

シコタンスゲ
色丹菅 カヤツリグサ科
草原に広く分布し、この時期、大きくてよく目立つ。茎の根元が紫色を帯びるのが特徴。海岸にはよく似たネムロスゲがある。
10.6.4. 礼文林道 M

ミヤマオダマキ 深山苧環 キンポウゲ科
島の北から南まで広く分布し、礫地や崖の岩肌に群生する。マルハナバチによる盗蜜の穴がよくあり、まれに白花や八重咲きも見る。
10.6.14. 礼文林道 M

ツバメオモト
燕万年青 ユリ科
厚く光沢のある葉がオモトに似る。果実は瑠璃色に熟し、燕の羽色を思わせる。「万年青」といっても、晩秋には葉は溶けるように枯れる。
11.6.8. 香深井 M

イワベンケイ 岩弁慶 ベンケイソウ科
多肉質の厚い葉を持ち、海岸の岩から山の上まで生育。雌株と雄株がある。雌株は実が熟すと赤くなり、紅葉も美しい。09.5.27. 礼文滝 M

旗竿に
種をかかげて
(はたざお)

ミヤマハタザオは高山帯に生育し、
茎も葉もか細く、
葉は茎を抱かず花も小ぶりです。
ハマハタザオは
海岸から山まで分布し、
山のものは小型。
葉は厚くて茎を抱き、
実はまっすぐ茎に沿って
上に伸びます。
エゾノイワハタザオは
林下など湿ったところを好み、
実が茎から離れて
開き気味になります。

**ミヤマ
ハタザオ**
深山旗竿
アブラナ科
11.6.3. 召国 M

**ハマ
ハタザオ**
浜旗竿
アブラナ科
09.6.5.
礼文林道 M

**エゾノイワ
ハタザオ**
蝦夷岩旗竿
アブラナ科
08.5.21.
礼文林道 M

31

消えゆく花たち
礼文島の希少種

　野生絶滅が危ぶまれるのはレブンアツモリソウだけではありません。記録はあるのにもう見ることのできない花、数を減らしながらも細々と生き延びている花、そんな花が礼文島にはいくつもあります。

　盗掘や写真撮影による踏み荒らしを防ぐため、ここでは生育地は秘密にしておきます。これらを守り、増やしていくことは簡単ではありませんが、自然のままに咲くこれらの花に歩道から対面できる日が来るといいなと思います。

オオウサギギク
大兎菊 キク科
別名カラフトキングルマ。トウゲブキやハチジョウナに似ているので見つけにくい。

エゾルリムラサキ
蝦夷瑠璃紫
ムラサキ科
滑落の危険があり、近づけないような礫（れき）地に希産する。

キバナシャクナゲ
黄花石楠花 ツツジ科
歩道や車道から近いところは盗掘や車道整備で失われてしまった。

チシマギキョウ
千島桔梗
キキョウ科
歩道の傍のものは盗掘され、減少している。

トチナイソウ 栃内草 サクラソウ科
別名チシマコザクラ。小さな小さなサクラソウの仲間。高さ3〜4cm、花の径は6mmほどしかない。

ホソバコンロンソウ
細葉崑崙草
アブラナ科
別名ミヤウチソウ。多年草。神出鬼没で、消えたと思ったら前年に草刈りしたところに出たりする。

ウルップソウ 得撫草 オオバコ科　別名ハマレンゲ。礼文岳にもあったとされるが失われた。

フタナミソウ
二並草 キク科
別名フタナミタ
ンポポ。礫地を
好んで咲く礼文
島の固有種。s

チョウノスケソウ
長之助草 バラ科小低木
常緑性の小低木。礼文
島のものは野生絶滅し
た可能性が高い。

絶滅危惧種の高いランクに
指定されている礼文島の植物

環境省指定絶滅危惧ⅠA類 Cr 11種、
ⅠB類 EN 13種、
北海道指定絶滅危機種 Cr 8種、
絶滅危惧種 En 7種

種名		
アツモリソウ	EN	Cr
ウルップソウ	Cr	
エゾタカネツメクサ	CR	Cr
エゾノダッタンコゴメグサ		CR
エゾノチチコグサ		
エゾルリムラサキ	CR	Cr
オオウサギギク	EN	
カラフトアツモリソウ	CR	Cr
カラフトイワスゲ	EN	En
カラフトゲンゲ	CR	
カラフトハナシノブ		
カラフトヒロハテンナンショウ		EN
コイチヨウラン	En	
チシマキンレイカ	EN	
チシママンテマ	CR	
トラキチラン	EN	
ハマタイセイ	CR	En
フタナミソウ	CR	En
ベニバナヤマシャクヤク	EN	En
ホソバコンロンソウ	CR	
リシリソウ	CR	
リシリビャクシン	EN	En
レブンアツモリソウ	EN	Cr
レブンウスユキソウ	CR	
レブンサイコ	CR	
レブンソウ	EN	En

● マークは礼文町高山植物園にある花

ミヤマスミレ 深山菫
根元から花茎が出る。雌しべの先はカマキリの顔のような逆三角形型、側花弁は無毛で距は紫色を帯びる。葉はハート型で、裏が紫色になるものもある。
08.4.27. 桃岩歩道 M

ニョイスミレ
如意菫 別名ツボスミレ
林縁に群落もつくる。他の花に比べて花冠が半分ぐらいと小さい。色は白色から紫色まで変化がある。
09.5.26. 礼文林道 M

オオタチツボスミレ
大立坪菫
最も分布が広く、林縁に群落もつくる。茎の途中で花茎と葉茎に分かれる。花柱と側花弁内側は無毛で距は白色。
08.3.21. 礼文林道 M

スミレの季節

小さな礼文島にも9種のスミレの仲間が自生しています。
掲載したものの他にエゾノアオイスミレ、
オオバタチツボスミレ、キバナノコマノツメがあります。
外来種のニオイスミレも道路脇で見られます。
紫色のスミレは似ているので難しいのですが、
茎の立ち方、花弁の毛、雌しべの形などで見分けます。

アイヌタチツボスミレ
アイヌ立坪菫
林縁ではオオタチツボスミレに似て、風衝地では地面に張り付きミヤマスミレにも似る。茎の途中で花茎と葉茎が分かれる。側花弁内側は有毛で、距は白色。白花もある。
09.5.17. 礼文林道 S

アナマスミレ アナマ菫
礼文島アナマ付近で最初に見つかった。スミレの海岸型変種で日本海側に分布。葉が内側に巻き、茎や葉が無毛。03.6.8. 礼文林道 S

シロスミレ 白菫
別名シロバナスミレ。湿った草原に生える。ミヤマスミレの白花と混同しやすいが、葉は細長いヘラ型。
10.6.12. 桃岩歩道 M

島風に吹かれて
2

盗掘防止は終わらない

　昔のように業者がレブンアツモリソウを一度に100株も持ち出すような大量の盗掘はもうここ20年はありません。でも数株を思いつきのように持ち去る事件は数年に一度の割でおこります。他の花の盗掘も、アツモリソウほど目立ちませんが、少しずつあるようです。

　警察や環境省、林野庁、北海道、礼文町などの行政機関とボランティアのパトロールは早朝や夜間も行われています。山に人がいることで盗掘者にあきらめてもらう抑止力が目的です。ポスターを張ったり放送で流したり、盗掘のない島の雰囲気を作ることも大切にしています。

　一方、培養技術の進歩でレブンアツモリソウの人工増殖ができるようになりました。共生菌を使った自生種に近い培養法も確立されました。これらを自生地復元や盗掘防止に役立てていくことも検討されています。

　盗掘のない島にするための努力はこれからも続きます。

礼文町のキャラクター「あつもん」が登場する盗掘防止ポスター

礼文町高山植物園では人工培養のレブンアツモリソウの開花期を調整して8月まで展示している。10.7.28.

レブンコザクラ
礼文小桜
サクラソウ科
ユキワリソウの変種。雪が解けると、準備していた蕾をすぐに持ち上げてくる。ユキワリソウより全体に大きく花付きもよい。夕張山地、知床半島にも分布。
09.5.17. 桃岩歩道 M

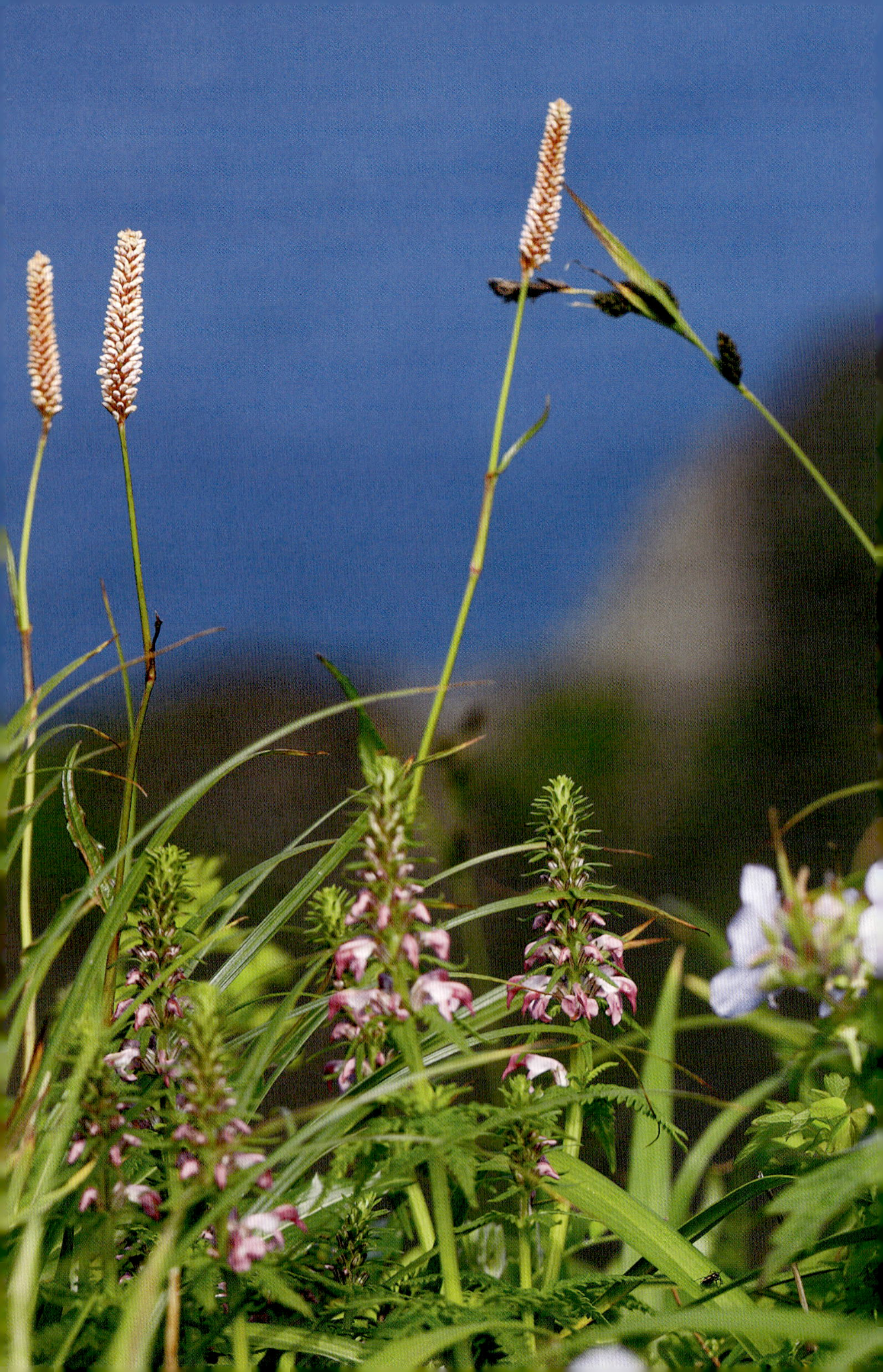

6月中旬〜6月下旬

第3章
レブンシオガマ
のころ

終便で桜前線到着し
　すべての蕾(つぼみ)　花へと急ぐ

　日本列島をゆっくり北上していた桜の開花が最北の島にも到達しました。島に自生する桜はエゾヤマザクラ、ミヤマザクラ、チシマザクラ、シウリザクラ。花の丘には毎日新しい花が加わって、高山植物の運動会のようです。
　花弁の美しさを競い、作戦を立てて虫を呼び、花粉を運んでもらわなくてはなりません。氷河期から引き継いできた遺伝子のバトンを種子のカプセルに託すために、植物たちは「開花」という一番緊張するステージに立っています。
　短い夏にかける精一杯の花風景、「どいたどいた！」と祭りの若い衆みたいに花蜂たちが花粉を運んでいきます。邪魔にならないように、そっと楽しませてもらうことにしましょう。

レブンシオガマ、イブキトラノオの競演
09.6.25. 桃岩歩道 M

桃岩歩道map
(桃岩展望台コース)

course map

桃岩歩道は桃岩展望台から元地灯台までの、約2.5kmの自然歩道の通称です。国立公園の特別保護地区に指定され、一部は北海道の天然記念物になっています。尾根を巡る歩道は原生花園が広がり、背景には利尻島を眺める絶景のトレッキングコースです。高山植物の仲間のすみかだけあって、標高は300m以下ですが強風や濃霧もめずらしくありません。寒さや風に負けない服装でお出かけください。

🥾 ぐるり桃岩展望台コース ● 2.3 km・1時間30分

登山口 ③ --- ④ 〜 ⑤ 〜 ⑥ レンジャーH 〜 ⑦ 展望台 〜 ⑤ 〜 ③ 登山口
|← 2.3 km・90分 →|

桃岩登山口でバスを降り、レンジャーハウス経由で桃岩展望台まで登るコース。もっとも利用者の多いコースだが、急坂もあるので時間がかかる。

🥾🥾 キンバイの谷コース ● 4.5 km・2時間30分

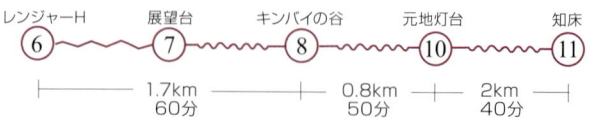

⑥ レンジャーH 〜 ⑦ 展望台 〜 ⑧ キンバイの谷 〜 ⑩ 元地灯台 〜 ⑪ 知床
|← 1.7km 60分 →|← 0.8km 50分 →|← 2km 40分 →|

花を観るならこの4.5kmをゆっくり歩くのがもっともおすすめ。⑥までと⑪からは車を使う。⑥と⑧を往復する3.4km・120分でも十分花を楽しめる。

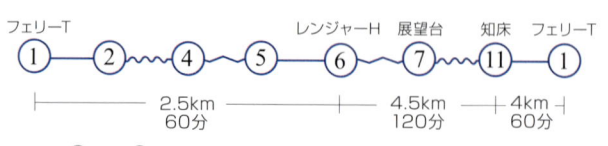

🥾🥾🥾 桃岩歩道と漁村周遊コース ● 11km・4時間

フェリーT ① 〜 ② 〜 ④ 〜 ⑤ 〜 ⑥ レンジャーH 〜 ⑦ 展望台 〜 ⑪ 知床 〜 ① フェリーT
|← 2.5km 60分 →|← 4.5km 120分 →|← 4km 60分 →|

後半⑪から①までは漁村をつなぐ車道を海と集落を見ながら歩く。カモメ類や、山肌にヒオウギアヤメ、レブンソウも観察できる。

路面の状況

- 舗装 なだらか
- 未舗装 なだらか
- 舗装 急勾配
- 未舗装 急勾配

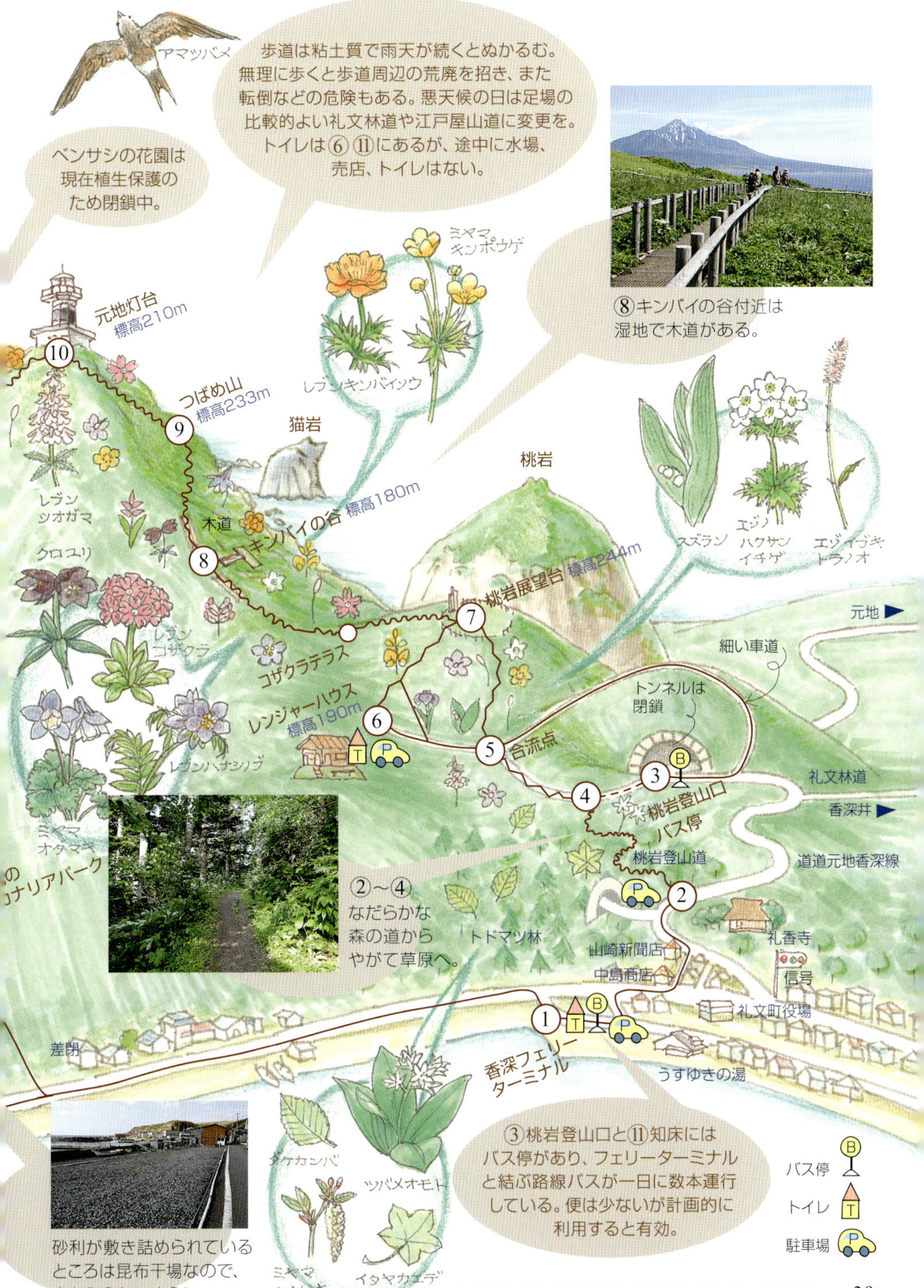

● 地図内の地名は通称で、看板のないものもあります。

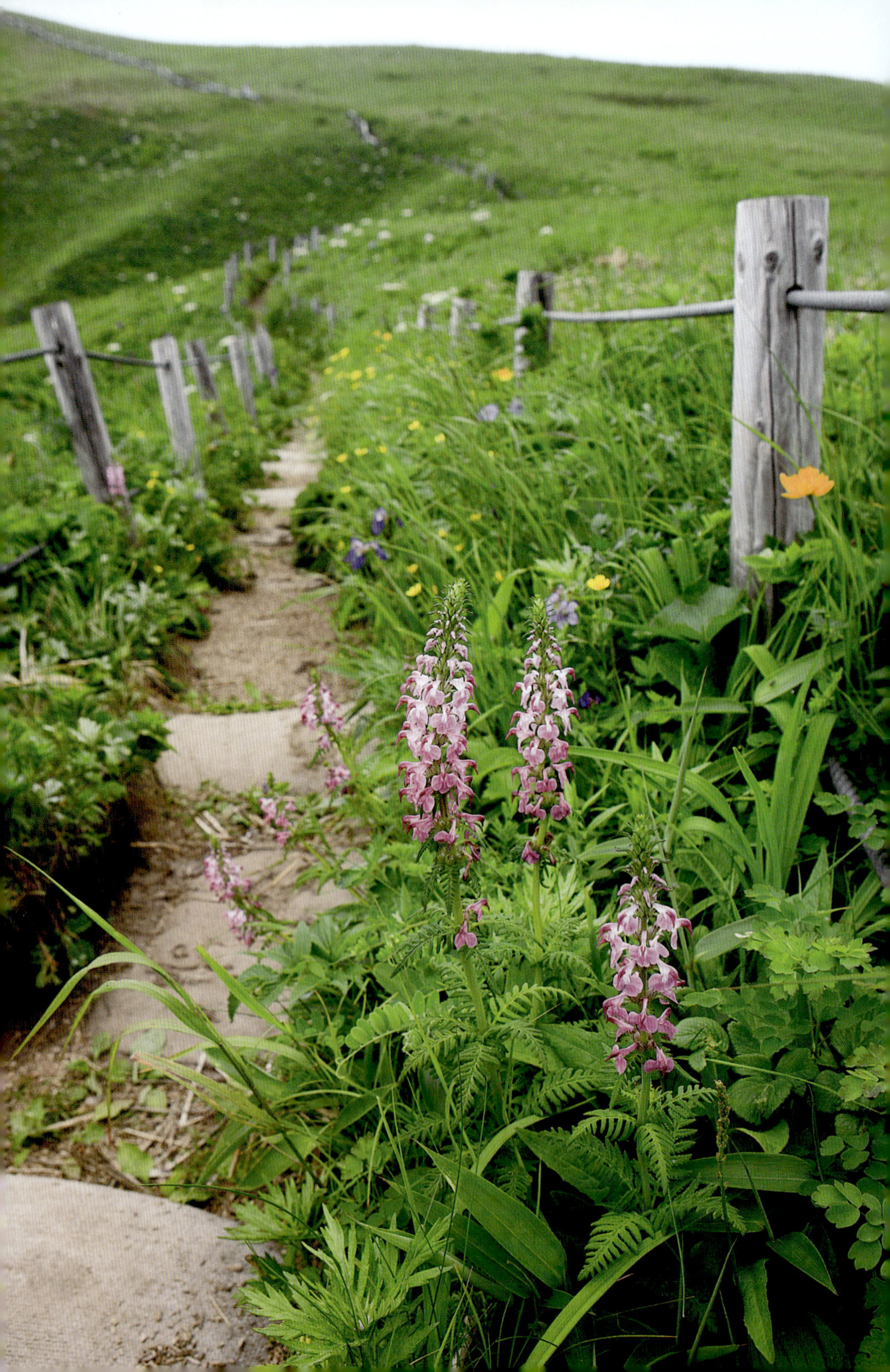

ヒオウギアヤメ
檜扇菖蒲 アヤメ科
大きな3枚の外花被（外側の花弁）の根本に黄色地に紫の網目模様がある。湿った草原を好み、桃岩歩道など南部に多い。
10.6.30. 桃岩歩道 M

ヤマハナソウ
山鼻草
ユキノシタ科
全体に軟毛があり、厚みのある丸い根生葉。花は7〜8mmと小さく花弁の中央に黄斑、雄しべの先が赤い。湿った岩場で見られる。
08.6.19. 桃岩歩道 M

　　　　　レブンシオガマが花穂を立ち上げるころ、
　　黄色のエゾカンゾウ、薄紫のチシマフウロ、白のオオカサモチなど、
　今までより背の高い花たちが丘の西側斜面にこぼれんばかりに咲き競います。
　　　野鳥たちは子育ての季節。コマドリなど森の小鳥やカモメなどの
　　　　海鳥たちが、しきりに雛に餌を運びます。
　　　そして浜では、ホッケ漁やウニ漁が最盛期を迎えています。

コケイラン
小蕙蘭 ラン科
08.6.12. 桃岩歩道 M

レブンシオガマ
礼文塩竈 ハマウツボ科
北海道の高山帯に咲くエゾヨツバシオガマの変種。全体に大型で花が15〜30段つく。花色の薄いものや白花もある。
01.6.30. 桃岩歩道 M

オオヤマフスマ
大山衾 ナデシコ科
花の径が1cm前後、高さは7〜10cm、地下茎が伸びてまとまって生える。花期は長く、歩道沿いにたくさん開花する。
05.6.23. 桃岩歩道 M

エゾスカシユリ
蝦夷透百合 ユリ科
オレンジ色6枚の花被片の隙間から下が透けて見えるのが名前の由縁。礼文では草丈30cm前後、花の径10cmと頭でっかち。
06.6.26. 礼文林道 M

小さなツツジ
ピンクの釣り鐘

コケモモ
苔桃
ツツジ科小低木
08.7.1.
礼文林道 M

イワツツジ
岩躑躅
ツツジ科小低木
08.6.16.
礼文林道 M

コケモモとイワツツジは
丘の上の地面に張り付くように生える矮小(わいしょう)な低木で、
よく似た淡いピンクの釣り鐘状の花を付けます。
コケモモは米粒形の光沢のある葉で常緑樹、果実の径は5mmくらい。
イワツツジは葉の長さが3〜5cmの落葉樹。果実の径は1cm。
どちらも赤く熟して食べられますが、とてもすっぱい。

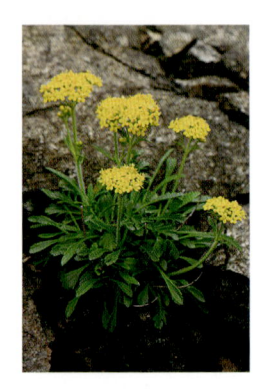

チシマキンレイカ
千島金嶺花 スイカズラ科
別名タカネオミナエシ。臭気で虫を集める。高さ10cmくらい、茎や花序に白い毛があり、花は径が4mmほどで5裂し多数付く。
11.6.22. 宇遠内 M

センダイハギ 先代萩 マメ科
初夏に咲く黄色い大きな豆の花。久種湖畔や鉄府などの群落が見事。
08.6.16. 礼文林道 M

カラフトハナシノブ
樺太花忍
ハナシノブ科
名前の由来は葉の形がシダ類のコケシノブに似ていることから。花序がつまったものをその品種としてレブンハナシノブと呼ぶ。
09.5.25.
桃岩歩道 S

タカネナナカマド
高嶺七竃 バラ科低木
山肌をはうように伸びる。ナナカマドより葉に光沢があり花はわずかにピンク、果実も1cmと大きい。08.6.4. 礼文林道 M

エゾツツジ
蝦夷躑躅
ツツジ科小低木
地面に張り付くような低木で高さ5〜15cm。径3〜4cmの大きな鮮やかな花を付ける。
06.6.25.
礼文滝 M

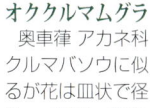

オククルマムグラ
奥車葎 アカネ科
クルマバソウに似るが花は皿状で径3mm程度。茎にはトゲがあり触るとざらつく。葉は6枚輪生し、縁は有毛。トゲがない変種をクルマムグラという。
10.06.29.
宇遠内 M

クルマバソウ 車葉草 アカネ科
花は漏斗状で先が4裂し、径4〜5mm。茎に4稜があり、葉は明るい緑色で6〜10枚輪生し先がとがる。ほのかな甘い香りがする。
10.6.22. 礼文林道 M

ゴゼンタチバナ 御前橘 ミズキ科
高さ5cmほどで葉は4枚輪生、花を付けるものは6枚付く。常緑の多年草で、熟すときれいな赤い実を付ける。08.6.27. 礼文滝 M

チシマフウロ 千島風露 フウロソウ科　礼文のものは花付きがよく、島のどこにでも咲く。江戸屋山道の大群落は見応えあり。がく片や茎、葉に長毛が目立つ。07.6.27. 桃岩歩道 M

エゾカンゾウ 蝦夷萱草　ススキノキ科（ユリ科）　別名ゼンテイカ。本州のニッコウキスゲと同種。花の命は約2日。東海岸では5月から咲き始め、桃岩歩道などは6月下旬が盛り。10.6.30. 桃岩歩道 M

レブンキンバイソウ
礼文金梅草 キンポウゲ科
花の径は約4cmと大輪。花弁のように見えるのはがく片で、蕾のときは緑色。開花につれて黄色が強くなる。花弁はその内側にあり、短冊状で雄しべよりも長いのが特徴。11.6.27. 桃岩歩道 M

ミヤマキンポウゲ
深山金鳳花 キンポウゲ科
花の径は2cmくらい、花弁はエナメル質の光沢がある。桃岩歩道ではレブンキンバイソウ、オオダイコンソウなど黄色の花が混生する。
07.6.23. 桃岩歩道 M

ツマトリソウ
褄取草 サクラソウ科
和名は花弁の縁がほんのりピンクに色づくものを着物の褄に見立てた。花弁がほとんど白で縁取りのないもののほうがじつは多い。
08.6.28. 礼文林道 M

大きな野バラ 香り高く

海岸性のハマナスは、
礼文島では浜から丘の稜線まで、
レブンウスユキソウの隣に
咲く場所もあります。
樹林帯周辺ではオオタカネバラが開花。
葉はハマナスのような光沢はなく、
花びらのピンクはやや薄い。
どちらも芳香を放ちます。

ハマナス
浜梨
バラ科低木
10.6.30.
礼文林道 M

オオタカネバラ
大高嶺薔薇
バラ科低木
06.6.26.
宇遠内 M

45

セリ科11種

　草原に咲くたくさんのカリフラワーのような花。島では20種の白いセリ科の花が見られますが、その中から桃岩歩道で見られるものを中心に11種の見分けを紹介します。咲く時期や花の付き方、背丈や茎の太さ、葉の形で見分けてみましょう。

オオハナウド 大花独活
小花の集まりの外側の花は5枚の花びらのうち2枚が大きい。葉は手のひら状で大きく広い。茎は直径2cmほど、草丈は1m以上になる。09.7.5. 桃岩歩道 M

オオカサモチ 大傘持
葉が柔らかく繊細に切れ込む。草丈1m以下。咲き進むと花序はテーブル状に平らになる。6月の高山帯にたくさん開花する。08.6.19. 桃岩歩道 M

花期表

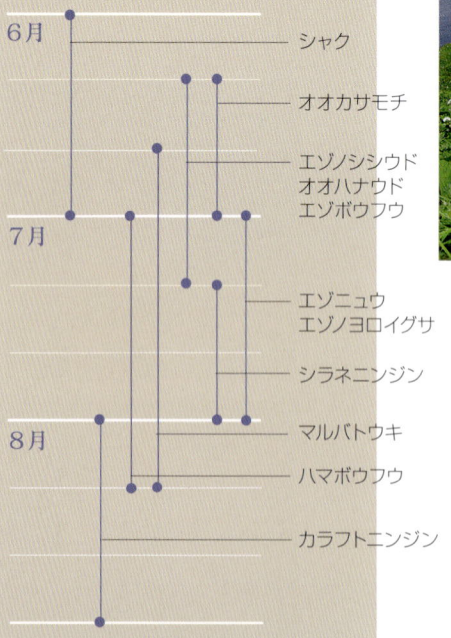

6月	シャク
	オオカサモチ
	エゾノシシウド
	オオハナウド
	エゾボウフウ
7月	
	エゾニュウ
	エゾヨロイグサ
	シラネニンジン
8月	マルバトウキ
	ハマボウフウ
	カラフトニンジン

●この他に礼文島に自生するセリ科の白い花
オオバセンキュウ、ドクゼリ、ミヤマセンキュウ、ヤブニンジン、セリ、ミツバ、ウマノミツバ、ノラニンジン（外来種）、イワミツバ（外来種）

シャク 杓
茎は細くよく枝分かれして草丈は1m以上。葉は柔らかくニンジンに似る。高山帯に少なく沢沿いに多い。若い葉は山菜にも向く。08.6.7. 鉄府 M

エゾボウフウ 蝦夷防風
森や草原。草丈20〜60cm。茎は細く黄緑色、茎葉は小さく小葉の先が細長くとがり、根元に付く鞘（さや）は緑色。09.7.5. 桃岩歩道 M

シラネニンジン 白根人参
岩場や草原で見られ、草丈10〜30cm。茎は細く赤緑色、葉は濃緑色で光沢があり、根元に付く鞘は赤い。09.7.29. 桃岩歩道 M

エゾニュウ
蝦夷ニュウ（ニュウはアイヌ語）
壮大な一稔性の多年草。茎の径が5cm、草丈が2m以上になるものもあり、葉柄の基部が鞘状に大きく膨らむ。08.7.31. 桃岩歩道 M

エゾノシシウド
蝦夷獅子独活
環境に合わせて草丈を30cmから1m以上にまで伸ばす。茎の径は1cm以上、葉は厚く卵形の三つ葉、光沢があり表面にシワが多い。
09.7.12. 礼文林道 M

エゾノヨロイグサ 蝦夷鎧草
エゾニュウに比べ全体にほっそりとした印象。複葉はややアーチ状に下を向く。茎は紫色で、花序には総包片も小総包片もない。
05.6.25. 桃岩歩道 M

カラフトニンジン
樺太人参
海岸線や草原。高さ20～80cm。葉は厚く光沢があり、葉茎の鞘は大きく緑色。9月には草紅葉となる。咲く時期が遅いのが特徴。
10.9.1. 桃岩歩道 M

マルバトウキ
丸葉当帰
海岸線に多いが、岩場や草原にも咲く。草丈は70cm以下、茎の径は1cm以下、葉はやや厚手で光沢のある三つ葉。花はやや赤みを帯びる。
10.7.7. 香深井 M

ハマボウフウ 浜防風
海岸の砂地にはうように背丈を低くして生育する。全体に白い軟毛が密生し、葉は肉厚で照りがある。若芽はボウフウと呼ばれる山菜。
05.7.19. 鉄府 M

47

レブンソウ 礼文草 マメ科
礼文島の固有種。葉や果実に細かな毛が目立つ。海岸すぐ近くから丘の稜線まで生育する。
10.6.16. 桃岩歩道 M

礼文の蓮華草

同じマメ科で花期を重ねるのでよく間違われます。
レブンソウは葉に毛が多く、花は上向き。
カラフトゲンゲは毛が少なめ、花が下向きに咲く。
レブンソウの花期は非常に長く、
6月をピークに秋まで何度も咲くのに対して、
カラフトゲンゲは一斉に開花して実を結び、
その年の営みを終えます。

カラフトゲンゲ
樺太紫雲英 マメ科
大雪山や日高山脈にも分布。果実に毛のあるものをその品種としてチシマゲンゲと呼ぶ。
10.7.31. 礼文林道 M

ミヤマザクラ 深山桜 バラ科
別名シロザクラ。白い花とともに葉も開く清楚な野生の桜。エゾヤマザクラ、チシマザクラも6月中旬に開花する。11.6.22. 宇遠内 M

島風に吹かれて 3

𩸽(ほっけ)

　夏至の礼文島の日の出は3時50分。海から上る朝日をまともに受け止める島の朝は早い。凪(なぎ)の日は薄明るくなる2時過ぎから、もうホッケの網を入れるため漁師は港を出ていきます。沖で網をあげて港に帰ってくるのは8時ごろ。家族や手伝いの人が集まって網から魚をはずします。

　ホッケは漁獲量がもっとも多い礼文を代表する魚です。漁は5月の連休明けから10月まで。煮付けやかまぼこ、ヌカボッケなどいろいろな食べ方がありますが、一番おいしいのはやはりシンプルに一塩で干して焼いたものです。3枚におろして塩をまぶして天日干し。6月のなかなか沈まぬ太陽とちょっと肌寒いくらいの浜の風に一日さらしたら、うま味がぎゅっ。焼くと飴(あめ)色になって皮に脂がにじみます。箸(はし)で押すと弾力があり、口に含むとプリッ。「お天道様と浜の風が魚をおいしくする」と母さんたちは言います。

漁港で行われる網外し。大漁の日は大忙し。

マムシグサ 蝮草 サトイモ科
別名コウライテンナンショウ。高さ30～100cm。花は葉より高い位置に付く。近縁種のカラフトヒロハテンナンショウもあり、花が葉より低い位置に付くが判別が難しい。08.6.12. 礼文林道 M

オオダイコンソウ
大大根草 バラ科
根出葉が大根の葉に似る。花の径は2cmほど。茎の葉は羽状複葉で小葉の先がとがる。よく似たカラフトダイコンソウは花が小さく、葉は丸く花期も早い。
10.7.3. 桃岩歩道 M

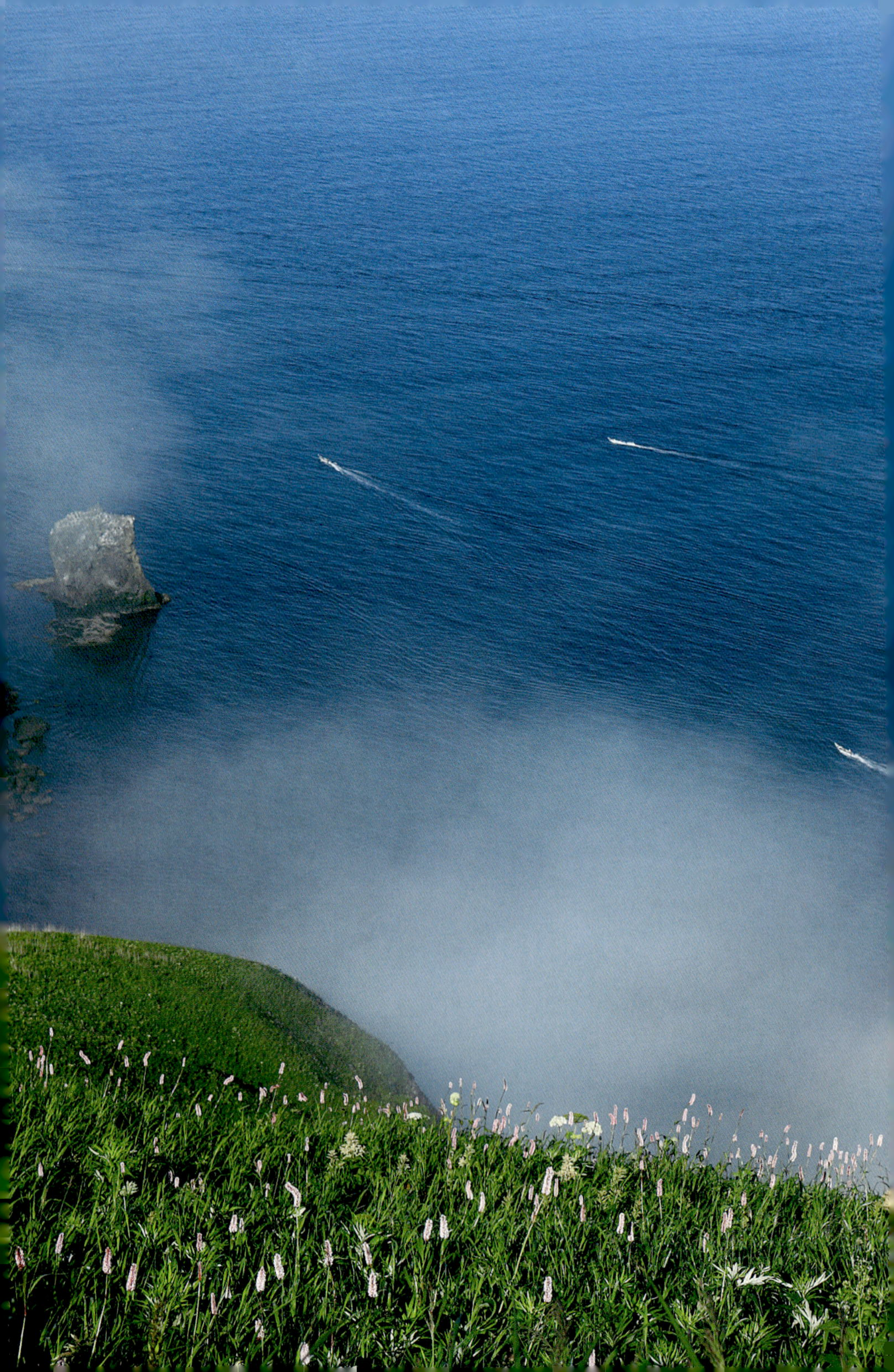

6月下旬〜7月中旬

第4章
ウスユキソウ
のころ

西の風に耐えた分だけ輝くか
ウスユキソウの白の潔さよ

　さっきまでの雲海がみるみるちぎれて溶けて、真夏の一日の幕が開きました。よどみない大気は透明で、太陽は海に花に色彩の束をぶつけるかのようです。海が青さを増した分だけ波の白は深くなりました。真っ白い航跡を引いて、磯舟が漁港へ帰っていきます。
　今朝はキタムラサキウニの漁がありました。こんな日は凪(なぎ)の海原をすべる磯舟の漁師がうらやましくなります。
　足下に開いたばかりのウスユキソウを見つけました。露の飾りを付けて、まるで湯上がりの少女のようです。

11.7.18. 桃岩歩道 M

礼文林道map

礼文林道は道道元地香深線の元地(もとち)側入り口から香深(かふか)井除雪センターまでの約8kmの未舗装道路です。礼文島の背骨を通るこのコースは南東に利尻山、西に原生花園の斜面を望みます。枝道の月の丘歩道、礼文滝歩道、宇遠内山道（P72）は自然度の高い歩道です。美しい花や風景が待っていますので、しっかり準備をして歩いてみてください。

エゾカンゾウ
カラフトゲンゲ

車両の通行は可能だが、道幅が狭くすれ違いが難しい。ハイカーも多いのでできるだけ乗り入れは控えたい。

ウスユキソウ群生地往復コース ● 4km・2時間

元地口 ②ー③ー④ー⑤ー⑥群生地ー②元地口
├──── 4km・120分 ────┤

ウスユキソウ群生地まで往復4kmの道はなだらかで歩きやすく、利用者も多い。②元地口まではバスを利用。

礼文林道踏破コース ● 8.6km・3時間

元地口②ー④月の丘⑤ー⑥群生地ー⑦滝入口ー⑧除雪C⑨香深井
├1.1km┼0.7km┼0.2km┼1.4km┼ 4km ┼1.2km┤
 30分   25分   5分   30分   70分   20分

②林道元地口でバス下車。枝道の月の丘、ウスユキソウ群生地を経由して香深井まで歩く。⑨香深井から香深まではバスを利用。徒歩なら60分。トイレは群生地のみ。

イタヤカエデ
ダケカンバ
ミヤマハンノキ
◀桃岩
礼文林道元地口 標高100m
元地へ1.5km
山崎新聞店
中島商店
香深フェリーターミナル

礼文滝6時間コース ● 14.6km・6時間

香深井⑨ー⑧滝入口⑦ー⑩礼文滝ー⑦滝入口ー⑥群生地ー②元地口ー①フェリーT
├ 5.2km ┼ 2km ┼ 2km ┼1.4km┼ 2km ┼ 2km ┤
  90分   60分   90分   30分   40分   50分

香深井から礼文林道に入り香深市街まで踏破する10.6kmに、礼文滝歩道までの往復4kmをプラスしたプラン。距離は長いが、礼文滝上流は岩山と清流が作る静かな花の谷だ。⑨香深井まではバス利用。

路面の状況
舗装 なだらか
未舗装 なだらか
未舗装 急勾配

coursemap

52

礼文滝は浜に落ちる15mほどの滝。林道から滝まで山道は急勾配で滑りやすく、途中に川を渡るところもある。軽登山靴程度の装備が必要。（天候により通行禁止あり）

礼文滝

コマドリ

チシマキンレイカ

⑩

ミヤマケラン

エゾツツジ

コケイラン

月の丘 標高247m

ヤマブキショウマ

見晴し台

レブンウスユキソウ群生地 標高220m

ノゴマ

標高200m

⑤ ⑥

⑦ 礼文滝入口 標高190m

宇遠内山道（P72）

クマゲラ

エゾイブキトラノオ

植林のための道

宇遠内入口

ハマナス

標高40m

エゾスカシユリ

オオタカネバラ

礼文林道香深井口

トドマツ

⑧ 除雪センター

レブンシオガマ

チシマフウロ

礼文島内の路線バスは自由乗降バス。日に数本と便は少ないが停留所以外でも乗降できる。

キャンプ場

レブンウスユキソウ

郵便局

藤コンクリート

道道礼文島線

Ⓑ

⑨ 香深井

月の丘は植生保護のため現在閉鎖中。

◀香深まで5km
船泊まで14km▶

Ⓑ バス停
Ⓣ トイレ
Ⓟ 駐車場

●地図内の地名は通称で、看板のないものもあります。

53

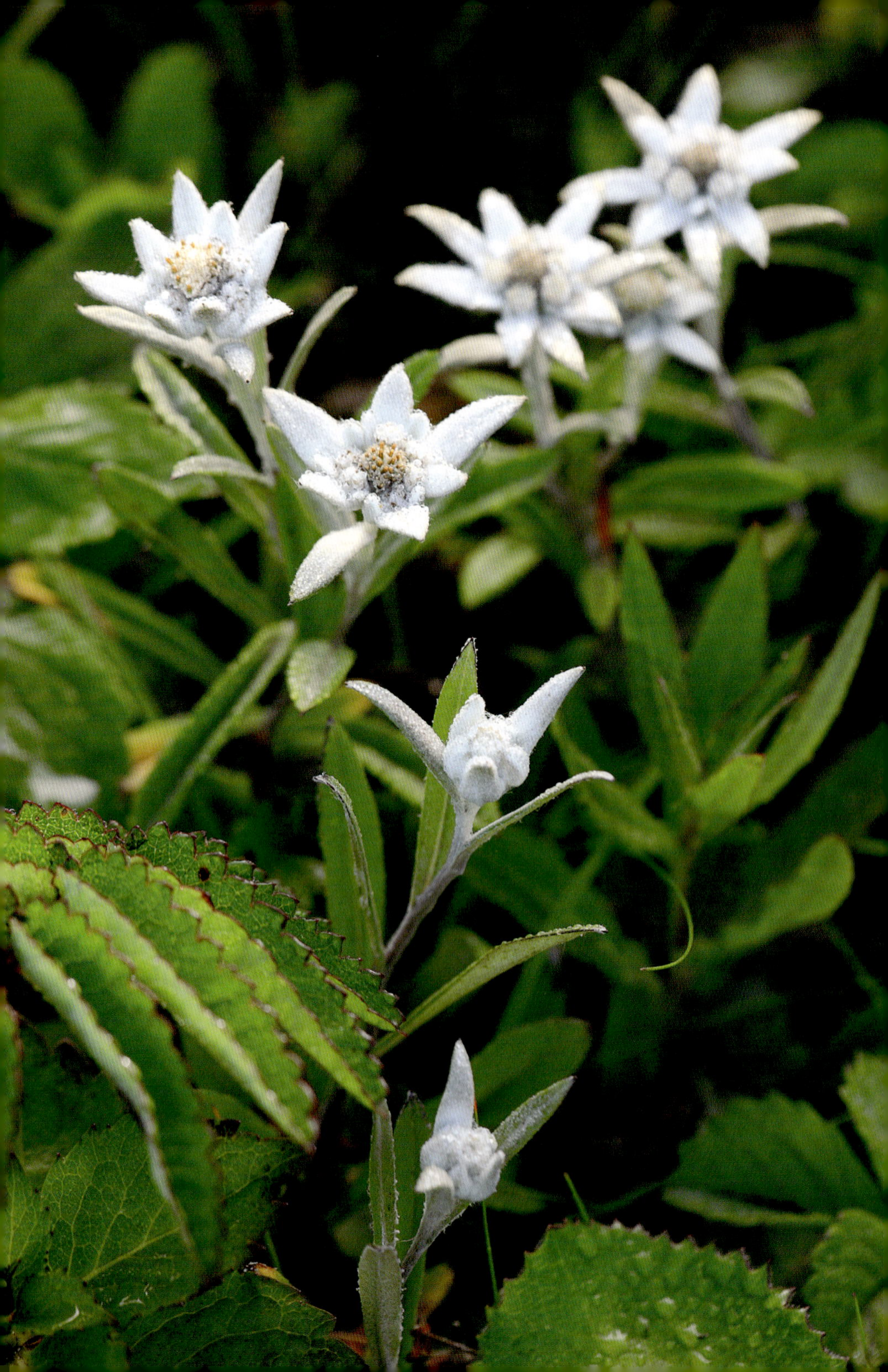

エゾカワラナデシコと
ともに咲く
07.7.19.
礼文林道 M

薄雪草(うすゆきそう)

　島の中でももっとも風当たりの強い、他の植物があまり生育できないような西側斜面を選ぶように、レブンウスユキソウは咲きます。花びらのように見えるのは葉の変化した包葉(苞(ほう))で、白いビロードのような毛で覆われています。

　まず小さな拳(こぶし)のような蕾(つぼみ)が立ち上がってきます。そして包葉が星形にほどけて、小花のかたまりが見えてきます。真ん中の小花の束から黄色い蕊(しべ)が見えはじめます。そのころが周りの包葉はもっとも白く、輝いて見えます。

　その後、周りの小花へと開花を進め、包葉はだんだん広がり薄茶色になっていきます。

　花期は長く、一本の花茎が約3週間も咲いています。小さな礼文島の中でも地域ごとに開花期に違いがあり、順番に開花します。6月中旬にまず宇遠内が咲きはじめ、その後礼文滝周辺、桃岩歩道へ。礼文林道のウスユキソウ群生地付近はもっとも遅く、7月初旬に開花します。

　そしてレブンウスユキソウは、咲き終わっても丘に立ち続けます。9月になると、タンポポのように綿毛を持つ種を包葉の上に盛り上げます。種が風に飛ばされたあとも星形の包葉はそのまま残ってなお丘に立ち、冬の雪のなかでも見つけることができます。

周りの小花へと開花が進む
09.7.23. M

綿毛の種を盛り上げて
08.10.8. M

冬のウスユキソウ
09.11.3. M

レブンウスユキソウ 礼文薄雪草 キク科 別名エゾウスユキソウ　07.7.14. 桃岩歩道 M

ギョウジャニンニク
行者大蒜 ヒガンバナ科
草丈30〜60cm、根際に長だ円形の厚く大きな葉が付く。全体に無毛。葱坊主（ねぎぼうず）のような花序を付ける。若葉は山菜として利用。
09.7.5. 桃岩歩道 M

エゾイブキトラノオ
蝦夷伊吹虎尾 タデ科
別名アミメイブキトラノオ。猫じゃらしのようにふわふわとした花穂。桃岩歩道で一面に群落する様はピンクの霞のようだ。
11.7.8. 桃岩歩道 M

リシリソウ
利尻草 シュロソウ科
国内の分布は利尻礼文のみの特産種。利尻島では局所的で観察は難しいが、桃岩歩道では道沿いにたくさん開花する。11.8.2. 桃岩歩道 M

オトギリソウ
弟切草 オトギリソウ科
草丈40cm、花の径は2cmほど、花弁と葉に黒点が入る。もう一種、花の径が大きく、茎に稜があり、草丈10cm程度のエゾオトギリソウと思われる一群がある。
09.7.31. 礼文林道 M

エゾムカシヨモギ
蝦夷昔蓬 キク科
外来種のハルジオンに似るが、背丈は50cm以下、頭花も小さくて、赤く色づく個体もある。茎や葉に剛毛がありザラつく。
08.7.10. 礼文林道 M

レブンタカネツメクサ
礼文高嶺爪草 ナデシコ科
草丈5〜8cm。エゾタカネツメクサの礼文島固有変種。葉が7〜9対付き、節間が短い。西側の礫地にマット状に生える。
10.7.20 礼文林道 M

カンチコウゾリナ 寒地髪剃菜 キク科　8月に咲くコウゾリナに比べて花期が早い。背丈は低く、総苞は黒緑色。茎や葉に剛毛を密生して、さわるとザラつく。
07.7.15. 鉄府 M

カラフトイチヤクソウ
樺太一薬草
ツツジ科
高山草原に咲く。雌しべは曲がらず花から突き出し、がくの先はとがる。林内にはイチヤクソウ、コイチヤクソウ (P69)、ジンヨウイチヤクソウ (P68) もある。
08.7.9. 礼文林道 M

バイケイソウ
梅蕙草
シュロソウ科
高さ1m以上になる。花は梅型、葉は蕙蘭に似る。葉は平行脈が美しいが、有毒で食中毒を起こす。両性花と雄花が同じ花序につく。
08.6.6.
桃岩歩道 M

ヒメイワタデ
姫岩蓼 タデ科
別名チシマヒメイワタデ。西側の高山帯礫地で見られる。花が終わると実が赤く熟す。最近同属のウラジロタデも見つかった。
08.6.28. 礼文滝 M

シロヨモギ
白蓬 キク科
草丈30cmぐらいの海岸性植物。やや肉厚の葉や、茎に白綿毛を密生している。頭花は下を向き、径は8mmと、ヨモギとしては大きい。
09.7.20. 鉄府 S

57

ミヤマタニタデ
深山谷蓼 アカバナ科
草丈5〜10cmくらい。樹林下の湿ったところに密生する。葉は対生し三角状卵形。同属のウシタキソウも林縁で見る。
08.7.9. 礼文林道 M

タニギキョウ
谷桔梗 キキョウ科
樹林下に、はうように群生。花は長い柄の先に付く。小さな白い桔梗は花冠が漏斗状で、先が五つに裂ける。花の径は1cm以下。
10.6.29. 礼文林道 M

オニシモツケ
鬼下野 バラ科
高さ1m以上になる大型の多年草。大群落して夏の到来を告げる。大きな葉は手のひら状。小さな花からは雄しべが飛び出る。
09.7.10. 桃岩歩道 M

チシマアザミ 千島薊 キク科
別名エゾアザミ。背丈は1〜2m。頭花は横〜下向きに付き、径4〜5cm。変種コバナアザミの頭花は3cm程度で総包片が開出しない。
08.7.25. 桃岩歩道 M

ハマベンケイソウ 浜弁慶草 ムラサキ科
海岸にはってよく枝分かれし、大株をつくる。全体に無毛、葉は肉厚で白みを帯びる。蕾はピンク、花は水色で釣り鐘状。10.7.7. 元地 M

レブンサイコ 礼文柴胡 セリ科
利尻山や道内の高山にも自生する。草丈5〜15cm。「柴胡(さいこ)」は解熱効果のある生薬。同属で背の高いホタルサイコが北部草原に自生する。
11.8.1. 礼文滝 M

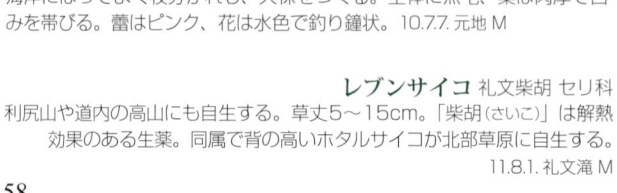

蔓の豆の花

マメ科の4種は、
どれも小さなエンドウ豆みたいな種を結びます。
よく似ていますが、
見慣れるとそれぞれの個性が
見えてきます。

ミヤマラッキョウ
深山辣韮 ヒガンバナ科
高山帯の礫地に生える。葉は扁平で花茎より短い。桃岩歩道には葉が円筒形、小型で花数が少ない同属のヒメエゾネギもある。
10.6.29. 宇遠内 M

エゾノレンリソウ
蝦夷連理草 マメ科
草原に生え、巻きひげで草に絡む。赤い蝶形花を花茎に2～3個、まばらに付ける。10.6.30. 桃岩歩道 M

クサフジ
草藤 マメ科
草原に生え、巻きひげで草に絡む。長さ1.3cm程度の花を細長い総状に多数付ける。花は青みが強い薄紫色。
10.7.3.
桃岩歩道 M

ハマエンドウ 浜豌豆 マメ科
海岸にはって伸び、大株もつくる。長さ2～3cmの花は青紫色の蝶形で、礼文に自生するツル性のマメ科植物では一番大きい。
09.7.6. 鉄府 M

ヒロハクサフジ
広葉草藤 マメ科
海岸から高山草原まで生える。葉はクサフジよりも広く、花も花穂も太めで長さ1.5cm程度の蝶形の花を多数つける。
08.8.30. 桃岩歩道 M

クモキリソウ
雲切草 ラン科
樹林下で花色は緑。広卵形の縁が波打った葉が根元に2枚、茎を抱く。シテンクモキリは花色が紫色で花数が多い。
08.7.9. 礼文林道 M

ヤマブキショウマ 山吹升麻 バラ科
林縁から高山礫地。葉がヤマブキの葉に似る。よく似たトリアシショウマはユキノシタ科で、葉柄基部や茎の節に褐色の長毛がある。
08.7.10. 桃岩歩道 M

エゾチドリ
蝦夷千鳥 ラン科
別名フタバツレサギソウ。径2cmほどの花が多数付く。大きい根出葉が2枚茎を抱くように向かい合って付く。
07.6.27. 久種湖 S

エゾアカバナ
蝦夷赤花 アカバナ科
花の柱頭が4裂するのが特徴。島内にはアカバナ、イワアカバナ、カラフトアカバナもある。
08.7.9. 礼文岳 M

サイハイラン
采配蘭 ラン科
花の様子が戦で使われた「采配」に似ていることから付いた。開花後に葉は枯れ、秋に新芽を出して緑の葉で越冬する。11.7.5. 礼文林道 M

ミヤケラン
三宅蘭 ラン科
樹林下から高山帯。草丈15〜30cmほど、径2〜3mmの緑の花が多数付く。葉は根元近くに1〜2枚、強い光沢がある。11.7.25. 礼文林道 M

島風に吹かれて 4

人が守る花の道

　景色がよく、花の多い良質の歩道を持つことが礼文島の自慢です。それらは傾斜や距離がほどよく、登山経験の少ない人でも散策を楽しむことができます。でも利用者が多いため、上手に管理しないと歩道周辺から自然は荒れていきます。踏み付けにより裸地が広がったり外来種が侵入したりします。柵やロープの整備、外来種の除去など行政機関とボランティアが協力して継続的に対策を進めています。

　利用するハイカーの方にご協力いただきたいことがあります。花の季節に雨や霧の多い礼文島です。歩道がぬかるんでいるときは無理して通行せず、ルートを変えましょう。ストックにはキャップをして路面を傷めない、散策前にはトイレを済ませ環境を汚さないなど、歩道を思いやりながら利用することが礼文の自然を守ることにつながります。

林野庁とボランティアによる秋のロープ外し
11.10.15. M

悪天候が続き、踏み付けで荒れてしまった歩道
09.7.9. ベンサシの花園 M

その後の歩道整備などで回復した
10.6.30. M

ツリガネニンジン、トウゲブキとともに 08.8.16. 礼文林道 M

7月下旬～8月下旬

第5章
ツリガネニンジン
のころ

群れ咲けど
ツリガネニンジン静かなり
競わぬいとなみ秋に許されて

　初秋のころは花の数も種類も6月に劣らないのに、そこにある安らかさはどこからくるのでしょう。冬を控えて、この後に開花を待つ花はわずかです。だからツリガネニンジンもトウゲブキも、長くのんびり咲きます。まだ蕾もあるのに、葉は紅葉を始めているものもあります。
　一日一日緑は力を失い、金色の枯れ野へと進みます。そんな中、名残の花となってもまだ、ぽつりぽつりと雪が降るまで咲き続ける姿が見られます。

礼文岳map

course map

礼文島最高峰の礼文岳は標高490mと高い山ではありませんが、標高350mあたりでハイマツ帯に入り、いきなり森林限界上部の高山帯の雰囲気になります。天候に恵まれれば、山頂からは北にゴロタ岬やスコトン岬、久種湖が、南には礼文島の山並みの向こうの海に浮かぶ利尻島が見渡せます。そして水平線にサハリンの島影を見ることもあります。

礼文岳登山コース ●往復9km・4時間

登山口 ①ー②---③ 五合目 ④ー⑤ ニセ頂上 ⑥ー 頂上 ⑦ー 登山口 ①

├200m┤├800m┤├1km┤├1.2km┤├800m┤├500m┤├4.5km┤
 15分　20分　25分　25分　20分　15分　2時間

①内路登山口でバスを下車。往復約4時間の登山道にはトイレや水場はないので、海側のトイレを利用してから出発を。

山頂周辺はハイマツやコケモモなど高山性の低木が広がるが、「お花畑」と呼べるような派手な群落はない。

エゾシマリス
09.7.26. S

運がよければ頂上付近でハイマツの実を食べるエゾシマリスや高山の鳥ホシガラスに出会うこともある。

⑥ニセ頂上から頂上を望む。ハイマツの中の道を一度下ってまた登る。ササのように見えるのがハイマツ林で右の樹林はダケカンバ。
05.9.24. S

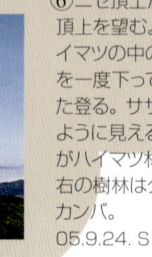

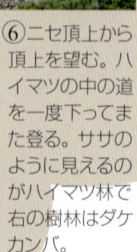

⑦礼文岳山頂からの利尻島　10.6.11. S

路面の状況

未舗装 なだらか

未舗装 急勾配

ホシガラス
06.10.24. S

64

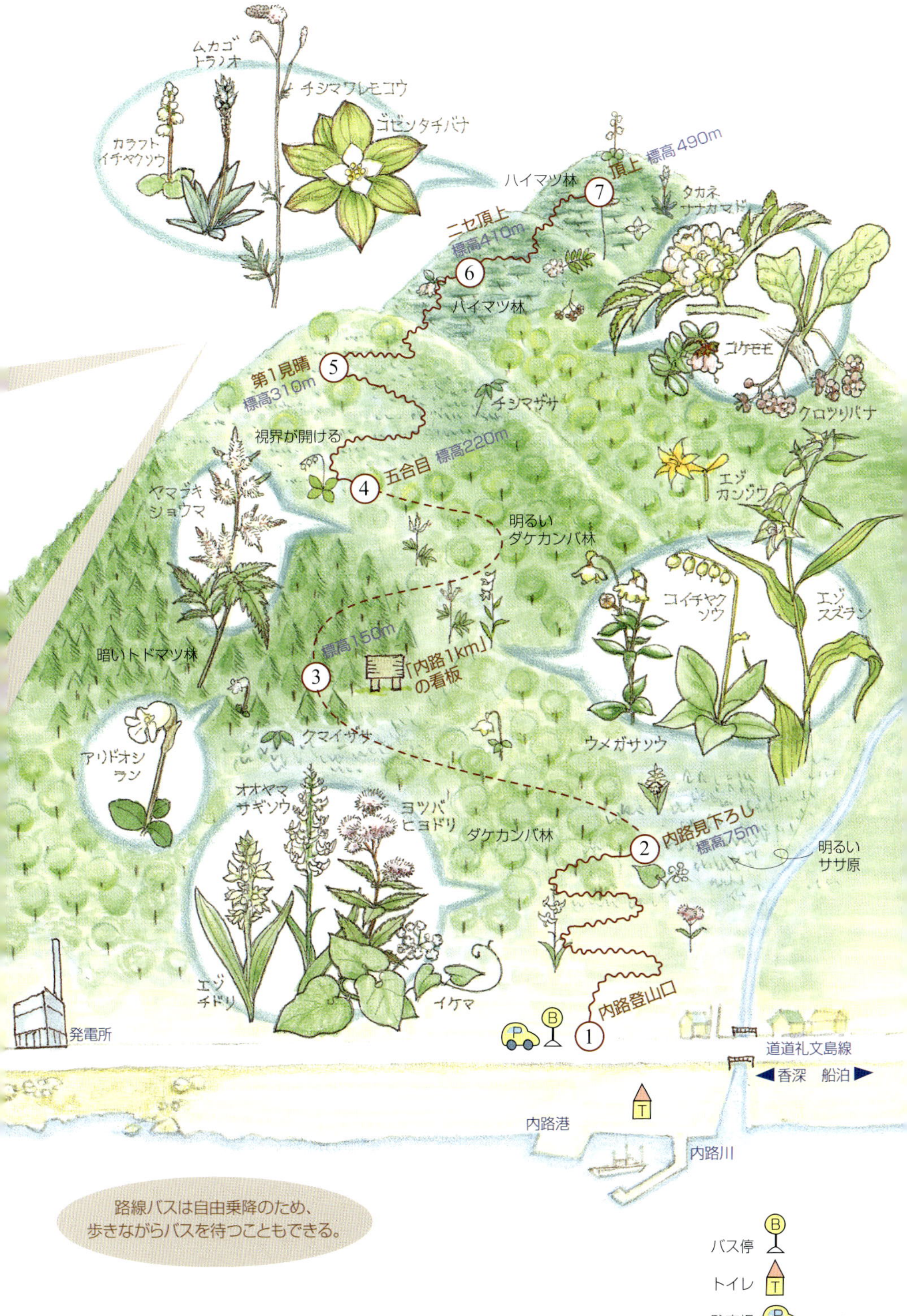

● 地図内の地名は通称で、看板のないものもあります。

ツリガネニンジンの変化

ツリガネニンジンの小さな釣り鐘から突き出た雌しべには
二つの形があります。蕾(つぼみ)のとき、まだ短い雌しべの周りに
雄しべが寄り添って花粉を付けます。花粉を付けられた雌しべは、
伸びて花弁から突き出し、虫に花粉を渡します。
花粉がなくなったころに、雌しべの先が三つに割れて、
今度は他の花の花粉を受け取るという仕掛けです。
ツリガネニンジンは珍しい花ではありませんが、
礼文島ほどの美しい群落は
まれです。またその咲き姿は、
平地に生育するツリガネニンジンに
近いものと、
花序が詰まり花冠が
ふっくらしている
高山型のハクサンシャジンに
近いものが見られます。
それらの変異は連続している
ので、区分けは困難です。

参考文献:
田中肇・平野隆久『花の顔』
山と渓谷社(2000)

花粉を付けた雌しべ(右)と先が三つに割れた雌しべ(左)

ツリガネニンジン 釣鐘人参 キキョウ科 11.8.25. 礼文林道 M

トウゲブキ 峠蕗 キク科　別名エゾタカラコウ。海岸線の岩場から高山帯の草原まで群落をつくる。根出葉は光沢があり、形がフキに似る。頭花は径4～5cm。06.8.19. 礼文林道 M

チシマワレモコウ
千島吾木香 バラ科
海岸線の岩場から草原。葉は羽状複葉でナナカマドに似る。湿原には背の高いナガボノシロワレモコウもあり、中間型もある。
10.8.9. 礼文林道 M

アカネムグラ 茜葎 アカネ科
草丈20～50cm、茎は四角形で下向きのトゲでざらつく。葉が4枚輪生、付け根から短い花序を出し、星形の小さな花を多数付ける。
11.8.2. 桃岩歩道 M

エゾゴマナ 蝦夷胡麻菜 キク科
草丈60～100cm、直径2cm以下の花を多数付ける。高山帯から林縁、湿原まで咲く秋の野菊。名の由来は葉がゴマに似ていることから。
10.8.29. 桃岩歩道 M

67

ミミコウモリ 耳蝙蝠 キク科
草丈20〜50cm。葉の形がコウモリの羽根に似ていて、葉柄の基部が丸く耳のように茎を抱く。類似種の背が高いヨブスマソウもある。
10.8.13. 宇遠内 M

エゾスズラン
蝦夷鈴蘭 ラン科
別名アオスズラン。林縁や林内に生え、草丈30〜60cm。花はまばらに十数個つき、葉は互生し基部は茎を抱く。
07.8.18. 香深井 M

オオヤマサギソウ
大山鷺草 ラン科
林縁や林内に生え、草丈30〜60cm。花は上部に多数つき、形はクリオネに似る。2〜3cmある長い距が後方に伸びる。
11.8.25. 礼文滝 M

ジンヨウイチヤクソウ
腎葉一薬草 ツツジ科
草丈10〜15cm。根元に腎円形の葉が付く。径1cmほどの花から花柱が長く突き出て曲がる。がくの先はとがらない。11.7.27. 礼文林道 M

アリドオシラン 蟻通蘭 ラン科
草丈5cmほど、花は8mm以下と小さく、針葉樹林下に多い。葉の様子がアカネ科のアリドオシに似る。10.7.24. 礼文岳 S

コイチヨウラン 小一葉蘭 ラン科
湿ったところにコケなどと一緒に生える。草丈は10〜15cmほど、根元に径1〜2cmの丸い葉が1枚付く。
10.7.24. 礼文岳 S

68

草原にツリガネニンジンがたくさん咲くころ、
森の小径には地味な野生ランやイチヤクソウの仲間が開花しています。
明るい草原とは対照的に陽の光は乏しいけれど、木々に守られた
安らかな空気があります。

ウメガサソウ
梅笠草 ツツジ科
草丈10～15cm、常緑の草
本状の小低木。長さ2～3cm
のだ円形の葉を輪生。花茎の
先に径1cm程度の花を1個
付け、がく片は反る。
09.8.8. 宇遠内 M

コイチヤクソウ
小一薬草 ツツジ科
草丈5～15cm。根元に柄
のある葉が4枚輪生する。
5mmほどの釣鐘状の花が
10個ほど房状につき、花
柱が突き出る。
11.7.24. 宇遠内 M

コフタバラン
小双葉蘭 ラン科
別名フタバラン。草丈は5～
10cmほどで、茎の中間に
葉が2枚対生する。
10.6.29. 宇遠内 M

森の底に咲く

オオウバユリ
大姥百合 ユリ科
林縁に生え、草丈1m
以上になる。開花時は
強い芳香を放つ。名の
由来は、花のころに葉
が枯れていることが
多いので、「歯がない」
にかけたもの。
09.8.6. 礼文林道 M

69

イケマ 生馬 キョウチクトウ科
ツルで他の草に絡む。葉はハート形で先が伸びる。果実は7cm程度の細長い袋状で、熟すと裂けて綿毛を付けた種子を飛ばす。
10.7.24. 礼文林道 S

ハナイカリ 花碇 リンドウ科
草丈3〜20cm。他地域に比べ草丈は小さめだが、島の西側の草原に多数開花する。花は4本の距を四方に伸ばして、船の碇に似る。
10.8.19. 礼文林道 M

ムカゴトラノオ 珠芽虎尾 タデ科
高山帯の礫地。草丈10〜20cm、細長いとがった葉を根元に付ける。花茎の先に穂状に花を多数付け、穂の下半分ほどに珠芽（むかご）が付く。
08.6.17. 礼文岳 S

クルマバナ 車花 シソ科
明るい草原。草丈30〜50cm、花冠の長さは1cm程度で車状に付く。花が小型のヤマクルマバナ、ミヤマトウバナ、イヌトウバナもある。
09.8.20. 桃岩歩道 M

エゾヤマハギ 蝦夷山萩 マメ科
落葉半低木。秋の七草に詠まれる萩。草原に自生するものは背丈50cm前後で葉の径2cmと小さいが、道路法面のものは1m以上に伸びる。
11.9.13. 江戸屋 M

ミソガワソウ 味噌川草 シソ科
木曽川の支流名から名が付いた。草丈50〜120cmの大型の多年草で茎の断面が四角。近寄ると花や葉からハッカの香りがする。
06.7.27. 桃岩歩道 M

70

キタノコギリソウの葉は
全体に白い毛があり
薄緑に見えます。
鋸歯(きょし)は深く、鋸刃(のこば)のようです。
花のピンクは
濃いものから白に近い
ものまで変異が
あります。
エゾノコギリソウの
花色は白。
葉の鋸歯は細かく
ほとんど切れ込まず、
鑢(やすり)のようです。
咲き方は2種で微妙に異なり、
年によってどちらかが多かったり、
雪が降るまで
咲いていたりと、
変化を楽しませて
くれます。

鋸(のこぎり)と鑢(やすり)

キタノコギリソウ
北鋸草 キク科
10.7.30.
桃岩歩道 M

エゾノコギリソウ
蝦夷鋸草 キク科
09.8.20.
桃岩歩道 M

クサレダマ
草連玉
サクラソウ科
別名イオウソウ。湿原や草原に生える多年草。名前の由来はマメ科の低木、連玉(れだま)に似ることから。草丈60〜90cm。
10.8.13.
桃岩歩道 M

8時間コースmap

礼文島は西海岸に沿って車道がないため車で一周できません。だからこそ残った自然があります。気候や地形が厳しいもっとも辺境の地を結ぶ歩道が「8時間コース」。標高は低いですがルートは長く、場所によってはかなりの高低差があります。利尻登山と同じくらいの覚悟と装備が必要です。道標は少ないので、事前に地図で下調べをし、宿や案内所などでルートの状況を確認しましょう。波や風の激しい日は中止するなど、自分の責任で安全なトレッキングを計画してください。

宇遠内往復コース●10km・3時間40分

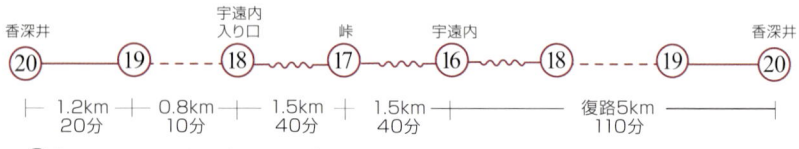

香深井 ⑳ ― ⑲ ― 宇遠内入り口 ⑱ ～ 峠 ⑰ ～ 宇遠内 ⑯ ― ⑱ ― ― ⑲ ― ⑳ 香深井

| 1.2km 20分 | 0.8km 10分 | 1.5km 40分 | 1.5km 40分 | 復路5km 110分 |

⑳藤コンクリート前でバスを下車(自由乗降のためバス停ななない)。礼文島を東西に横断するコース。見所は東と西の植生の違いで、峠を越えると風景は一変する。P5の植生図参照。

岩わたり／アナマ岩／ながめが良い

⑯宇遠内 — ⑮ — ⑭ 八ヶ山 標高210m
ハイマツ林／沢／ダケカンバ林

峠 ⑰ 標高188m
ダケカンバ
宇遠内山道
礼文林道
⑱ 宇遠内入口 標高40m
P52mapへ
除雪センター
⑲
緑ヶ丘キャンプ場
藤コンクリート
⑳ 香深井
船泊12.6km▶
◀香深フェリーT 5.6km

⑮～⑯は海食崖の下の波打ち際、岩や石の上を歩く。波の高い日は通れない個所が多く、落石にも注意。

⑮「砂滑り」と呼ばれる急斜面を海岸へ降りるとアナマ岩がある。西海岸の海食崖が美しい。

レブンウスユキソウ／コガネギク／チシマリンドウ／エゾオヤマリンドウ

路面の状況
- 舗装 なだらか
- 未舗装 なだらか
- 未舗装 急勾配

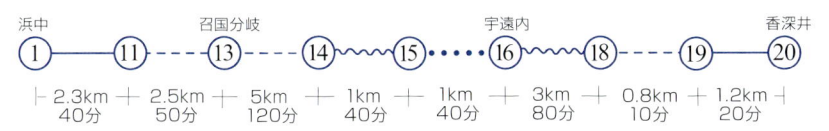

8時間コース ● 16.8km・6時間40分

浜中 ① ── ⑪ ── ⑬ 召国分岐 ── ⑭ ── ⑮ ── ⑯ 宇遠内 ── ⑱ ── ⑲ ── ⑳ 香深井

| 2.3km 40分 | 2.5km 50分 | 5km 120分 | 1km 40分 | 1km 40分 | 3km 80分 | 0.8km 10分 | 1.2km 20分 |

浜中でバスを下車。下記の8時間コースプラスより7.3km短いが、花を見ながら歩きたい人にはこちらがおすすめ。絶景とともに危険個所もあり、かなりハード。できれば単独行は避ける。

8時間コースプラス ● 24.1km・10時間

スコトン岬 ③ ── 岬めぐりコース ── ⑩ 西上泊 ── ⑫ 西上泊合流 ── 花7時間コース ── ⑳ 香深井

| 9.3km・4時間 | 1.2km 30分 | 13.6km・5時間30分 |

岬めぐりコース（P22）と8時間コースをつなげて一気に踏破する。以前はこのコースを「8時間コース」と呼んでいた。⑩～⑫は西上泊拡大図を参照。

- B バス停
- T トイレ
- P 駐車場

● 地図内の地名は通称で、看板のないものもあります。

⑬～⑭は標高200m付近を通るなだらかな道。草原やササ原、トドマツ林、ダケカンバ林、ハイマツ帯と変化に富む。

⑩ 西上泊拡大図

船泊2.7km

ハチジョウナ
八丈菜 キク科
海岸から草地。草丈30〜70cm。葉は長だ円形で荒い鋸歯(きょし)があり、裏面は白っぽい。頭花3.5cmほど、舌状花だけからなる。
09.8.19. 鉄府 M

カセンソウ
歌仙草 キク科
草丈10〜30cmの多年草。頭花の径は3〜4cm、筒状花を舌状花が囲む。茎や葉は硬く、葉はザラつき裏面の脈は隆起する。
10.8.7. 桃岩歩道 M

ウンラン
海蘭 オオバコ科
海岸にはうように生える。ランやマメ科の花に似る。葉は厚く肉質で、白く帯粉する。
05.9.14. 鮑古丹 M

ナミキソウ 浪来草 シソ科
海岸から山地の礫地。草丈10〜20cm。全草に軟毛がつき、葉は長だ円形で先は丸い。湿地には大型のエゾナミキがある。
10.7.28. 鮑古丹 S

ハマウツボ 浜靫 ハマウツボ科
葉緑素を持たず、ハマオトコヨモギに寄生する。草丈10〜20cmの一年草。茎は茶色で、上部の花序は白い長軟毛が密につく。10.7.28. 鮑古丹 M

チシマリンドウ
千島竜胆
リンドウ科
草丈5〜20cmの小さなリンドウ。海岸近くから高山草原までの歩道のいたるところに咲き、天気の良い時だけ花弁を開く。
08.8.15. 鉄府 M

エゾオグルマ
蝦夷小車 キク科
海岸に群落をつくる。黄色の頭花は径5cmほど。草丈50cm、葉は多肉質で長だ円形、光沢がある。
09.8.19. 鉄府 M

ダイモンジソウ
大文字草 ユキノシタ科
湿った岩場や草地。葉は腎円形で肉厚、柄があり根際から出る。5枚の花弁のうち2枚が長いので「大の字」に見える。09.7.27. 宇遠内 M

アキカラマツ
秋唐松 キンポウゲ科
草丈50〜100cm。花弁はなく、多数の葯（やく）が線香花火のようにぶら下がる。全体に小型のものを変種レブンカラマツと呼ぶ。
11.8.2. 桃岩歩道 M

シコタンヨモギ
色丹蓬 キク科
草丈30cm程度。細かく裂けた葉はニンジンに似る。葉全体の形が円みを帯びる。よく似たイワヨモギは葉先が尾状に伸びる。
11.8.28. 桃岩歩道 M

ヤマハハコ（右）
山母子 キク科
草丈30〜70cm。頭花の白い花弁のような部分は膜質の総包片。中心部に筒状花が集まっている。雌雄異株で写真は雄株。09.8.20. 桃岩歩道 M

シオガマギク（左）
塩竈菊 ハマウツボ科
変異の多い多年草。草丈20〜50cm。花は下から上へと咲き上がり、草丈を伸ばしていく。葉は菊に、花はレブンシオガマに似る。
09.8.20. 桃岩歩道 M

ヤナギタンポポ
柳蒲公英 キク科
草丈20〜60cm。葉がヤナギの葉に似る。タンポポに似た舌状花が多数まとまって、径3cmほどの頭花を付ける。
09.8.20. 桃岩歩道 M

ネジバナ 螺子花 ラン科
草原や礫地。草丈10〜20cm。花が茎の周りに螺旋状に並んで付く。ときに巻かずに縦にまっすぐ並ぶ個体や、白花もある。
11.8.25. 礼文林道 M

キンミズヒキ 金水引 バラ科
林縁や草原。草丈50〜90cm。全体に軟毛が密生する。花の付き方がタデ科のミズヒキ（水引）に似ていて、花が黄色いことから名が付いた。
11.8.2. 桃岩歩道 M

強く美しい
礼文撫子

エゾカワラナデシコは、
盛夏から初雪のころまで咲く
花期の長い花。
7月にはレブンウスユキソウと咲き合わせ、
8月にはツリガネニンジンの紫とデュエット、
9月にはコガネギクの傍らに、
そして10月は草紅葉の中に
名残花をぽつりぽつりと灯します。
海岸から丘の稜線まで、
風当たりの強いところを選ぶようにして
咲くたくましさも
あわせ持ちます。

レブントウヒレン 礼文唐飛簾 キク科
筒状花からなる頭花を多数まとまって付け、中心から順に開花する。総苞片が反り返るのが特徴。花後に、冠毛を付けた種を盛り上げる。11.8.29. 桃岩歩道 M

エゾカワラナデシコ 蝦夷河原撫子 11.7.21. M
高山型のタカネナデシコとしたほうがよい個体もあるが、変化は連続しているので、母種のエゾカワラナデシコに統一する。

77

カモガヤ 鴨茅 イネ科
地中海原産、牧草としてアメリカから移入。車道法面から自然歩道まで繁茂。

利尻山を望むこの花風景。ブタナ、コウリンタンポポ、ムラサキツメクサなどはすべて外来種だ。11.7.25. 富士見ヶ丘スキー場 M

礼文島 外来種事情

　礼文島の植物総数は737種、そのうち高山植物が236種、外来種は145種が確認されています。外来種は工事や植林、車のタイヤや観光客の靴など、人の活動にともなって島に入ってきます。それらの中には、寒冷な気候に適合して高山植物の咲くエリアに侵入してくるものもあります。外来種が、礼文島在来種の生育地を奪ったり、生態系を変化させてしまうかもしれないのです。

　特別保護地区での外来種除去作業をもう10年近く行っていますが、桃岩歩道などの限られたエリアでも、外来種を減らすことは容易ではありません。すでに持ち込まれてしまったものの除去と、島に持ち込ませない対策の両面から、努力が続けられています。

参考文献：「もっと知りたい礼文島」礼文町（2011）

ムラサキツメクサ マメ科
別名アカツメクサ。英名 red clover。ヨーロッパ原産で、飼料用として明治時代に国内に導入された。寒さに強く、霜が降りるころまで開花し、高山植物のエリアにも侵入する。有償、無償のボランティアによる外来種除去作業が続く。

セイヨウタンポポ キク科
ヨーロッパ原産で、明治初めに北海道に入ったとされる。塩にも寒さにも強い。浜の昆布干し場から山の稜線まで生育し、在来種のエゾタンポポとの雑種化も懸念されている。

コウリンタンポポ
キク科
別名エフデギク。
ヨーロッパ原産。
観光客に人気がある。

フランスギク
キク科
ヨーロッパ原産。庭園などで栽培されていたものが野生化した。

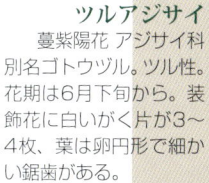

オニハマダイコン
アブラナ科
ヨーロッパから北米原産。種子が漂着して広がる。礼文島では2005年に初確認。

白い野生の紫陽花(あじさい)

ツルアジサイ
蔓紫陽花 アジサイ科
別名ゴトウヅル。ツル性。花期は6月下旬から。装飾花に白いがく片が3〜4枚、葉は卵円形で細かい鋸歯がある。
05.7.18. 礼文林道 M

イワガラミ
岩絡 アジサイ科
ツル性。花期は7月中旬から。装飾花にがく片が1枚。葉は広卵形で鋭い鋸歯がある。
11.8.4. 久種湖 S

ノリウツギ
糊空木 アジサイ科
別名サビタ。林縁や草原の中低木。花期は7月上旬から。装飾花に白いがく片が4〜5枚、花序が円錐形に盛り上がる。
11.8.4. 久種湖 S

礼文島では真夏が紫陽花の季節。
ツルアジサイやイワガラミは、
木のないところでは
地をはう姿も見られます。
園芸種の紫陽花もこのころに咲いて、
そのままドライフラワーになります。

79

ハンゴンソウ 反魂草 キク科
お盆のころに咲く。湿地では草丈2mの見上げるような群落をつくる。草原には、草丈が50cm前後で、葉の裂けないヒトツバハンゴンソウと呼ばれるものもある。08.8.15. 久種湖 M

チシママンテマ
千島マンテマ ナデシコ科
西側の礫地。全体に軟毛が密生する。花は横向きに咲き、膨らんだ筒状のがくが特徴。その先に5枚の花弁を開くが、開ききらない個体もある。11.7.27. 礼文滝 M

エゾウメバチソウ
蝦夷梅鉢草 ニシキギ科
海岸の岩場や高山草原。ハート形の肉厚の茎葉が1枚つき、花の径は2〜2.5cm。9〜14に分かれる仮雄しべがミルククラウンのよう。
09.8.30. 礼文林道 M

紫の雄しべが伸びる
ガンコウランの雄花
07.5.1. S

ガンコウラン 岩高蘭 ガンコウラン科
風衝地にコケのように地面を覆う低木。雌雄異株。花は雪がなくなるとすぐに咲き、8月には黒い実を結ぶ。
06.7.28. 礼文林道 S

サラシナショウマ
晒菜升麻 キンポウゲ科
林縁から草原。草丈1m、葉は複葉で光沢がある。花穂は20〜30cm、小花には雄しべが多数あり、びんブラシのようで目立つ。
09.8.20. 桃岩歩道 M

ヨツバヒヨドリ
四葉鵯 キク科
別名クルマバヒヨドリ。草丈1m程度。葉は3〜5枚輪生し、長だ円形で先はとがり、基部は丸い。花にはチョウやハチがたくさん集まる。
10.8.19. 礼文林道 M

島風に吹かれて 5

昆布漁のにぎわい

　天然昆布漁は、凪と晴天のそろった日を選んで一年に数日おこなわれます。特に昆布漁初日の朝は緊張と活気に包まれます。沖ではベテラン漁師も若手漁師もその腕を競い合い、浜では漁師の母さんを先頭にご近所総出で昆布干し。お祭りのようなにぎわいです。

　礼文の昆布は「利尻昆布」。利尻産の昆布という意味ではなく、宗谷周辺に生育する昆布の種類名です。クセがなく、甘みや旨みのバランスが良い澄んだダシがとれます。特に礼文島産は関西方面で高い評価を得ています。また近年は、収量の安定した良質の養殖昆布が生産されるようになりました。

磯舟による
天然昆布漁
09.7.31. S

浜で待ちかまえてすぐに天日干し　10.7.25. M

81

強風に負けずに咲くレブンイワレンゲ　礼文岩蓮華　ベンケイソウ科
別名コモチイワレンゲ　08.9.26. 鉄府海岸 M

9月上旬〜3月

第6章
秋から冬へ

　草原に　種旅立たせ
　島風は「冬物語」の始まりを告げ

　北西の風が強くなってきました。礼文の花たちは背を低くしてこの風に耐え、凍る地面で命をつないできました。氷河期からの何万年もの営みが今に続いていることを、この風にたたかれていると感じることができます。
　レブンイワレンゲは、雪が解ける4月にはもうサボテンのように肉厚の葉をバラの形に開いています。春夏の陽光で力を蓄え、競争相手のいない晩秋を待って開花します。小春日和には越冬前の花蜂たちがしきりに訪れます。

ヒロハウラジロヨモギ
広葉裏白蓬 キク科
別名オオワタヨモギ。30〜80cm。葉はおおむね卵形、下の方の葉は切れ込む。裏面に白い毛が密生、淡い肌色に紅葉する。08.8.30. 礼文林道 M

エゾオヤマリンドウ
蝦夷御山竜胆 リンドウ科
山地の湿地。高さ30〜60cm。葉は対生し、花は茎の先に数個まとまってつく。久種湖には茎の途中にも花がつくエゾリンドウが咲く。
11.9.5. 礼文林道 M

コガネギク 黄金菊 キク科
別名ミヤマアキノキリンソウ。草丈10〜50cm。背の高いものはアキノキリンソウとの区別が難しい。晩秋の草原に最後まで咲き続ける。
05.9.18. 宇遠内 M

ツルリンドウ
蔓竜胆 リンドウ科
ツルで他の草に絡む。花期が長く次々と咲き進み、小豆色で俵型の実を付ける。葉や花が細長いホソバノツルリンドウもある。
11.8.25. 礼文滝 M

イブキジャコウソウ
伊吹麝香草 シソ科低木
別名ヒャクリコウ。地をはってマット状になる矮小(わいしょう)低木。強い香りがあり、薬用や香料にも利用され、園芸種も販売されている。
10.7.24. 礼文林道 M

アサギリソウ 朝霧草 キク科
海岸から山地。草丈15〜30cm。葉は羽状に細かく裂けて柔らかく、銀色に光る。岩場に丸く株をつくる。
08.9.20. 江戸屋 M

エゾノコンギク
蝦夷野紺菊 キク科
草丈30〜80cm。茎や葉は短い剛毛が密生してざらつく。よく似た外来種のユウゼンギクは葉や茎が無毛、道路法面に多い。
11.8.29. 桃岩歩道 M

リシリブシ 利尻附子 キンポウゲ科
猛毒を持つトリカブトの仲間。カラフトブシの変種で背丈が低く、花が上部に密に集まる。葉は濃厚な緑で照りがあり硬い。
10.9.1. 桃岩歩道 M

エゾフユノハナワラビ
蝦夷冬花蕨
シダ類ハナワラビ科
緑のまま冬を越すので枯れ野や春先に目立つ。栄養葉は根元に1枚つき、胞子葉は立ち上がり、20cmほどになる。
06.10.27. 礼文林道 M

草丈1cmくらいのものも

ナギナタコウジュ 薙刀香薷 シソ科
草丈1〜60cmの一年草。癖のある香りがある。変位が大きく平地では枝分かれして大きく育つが、風衝地では虫眼鏡が必要なほど小さい個体もある。11.9.24. 礼文林道 M

85

レブンソウの名残花。
葉も緑を残す。
10.11.7. 桃岩歩道 M

また来る春のために

9月も後半になると、
草原は遠目では茶色一色、狐の毛のように見えます。
でも歩道を歩いてみると、地べたにはりつくように緑の葉を
広げている植物を見つけることができます。

ミヤマキンポウゲの
小さい返り花。
11.11.13. 桃岩歩道 M

レブンコザクラは真
ん中に春咲く蕾を抱
えている。
08.9.28. 桃岩歩道 M

ミズバショウの大き
な越冬芽、たくさん
の葉が中にぎっしり
詰まっている。
06.12.1. 久種湖 M

8月にたくさん咲いていた
コウゾリナやエゾカワラナデシコの
名残の花が
ぽつりぽつりとありました。
6月にあふれんばかりに咲いていた
ミヤマキンポウゲやチシマフウロが
背丈を小さくして
返り花を付けていることもあります。
来春の蕾の準備に余念がない
レブンコザクラもいます。
枯れているように見えても
静かに、そしてしたたかに
息づいている植物たち、
その「冬物語」が
始まっています。

86

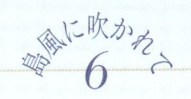

ゴマフアザラシ増加中

　礼文島周辺では年々ゴマフアザラシの目撃数が増加しています。ゴマフアザラシは雄の体長が170cm、体重90kgにもなる海獣で、ミズダコやカレイなどを好んで捕食します。流氷上で３月に出産して、夏はサハリンなど北方で過ごします。以前は礼文島周辺では冬期間にだけ観察されていました。ところが、2000年ごろから夏にも100頭以上が沿岸で観察されるようになり、トド島では白い毛に覆われた幼獣も確認されました。2010年の多いときには800頭以上、夏でも400頭以上を数え、1000頭以上が生息していると推定されます。

　岩の上で休んだり、海面から頭をのぞかせている姿は愛くるしく、観光客に人気があります。一方で、増えすぎたアザラシによる漁業被害も懸念されています。１頭が食べる量は一日約4kg、1000頭なら４トンもの魚を食べることになります。船泊漁協では2010年から、北海道に申請してハンターによる駆除も始めましたが、思うような成果は上がっていません。

　ゴマフアザラシは鳥獣保護法の保護対象動物です。漁業との共生を探るため、東京農業大学の研究グループの調査が継続的に行われています。また礼文島周辺の海ではトドやオットセイが観察され、絶滅したニホンアシカの捕獲記録も残っています。

岩場で休むゴマフアザラシ 98.2.5. 上泊 S

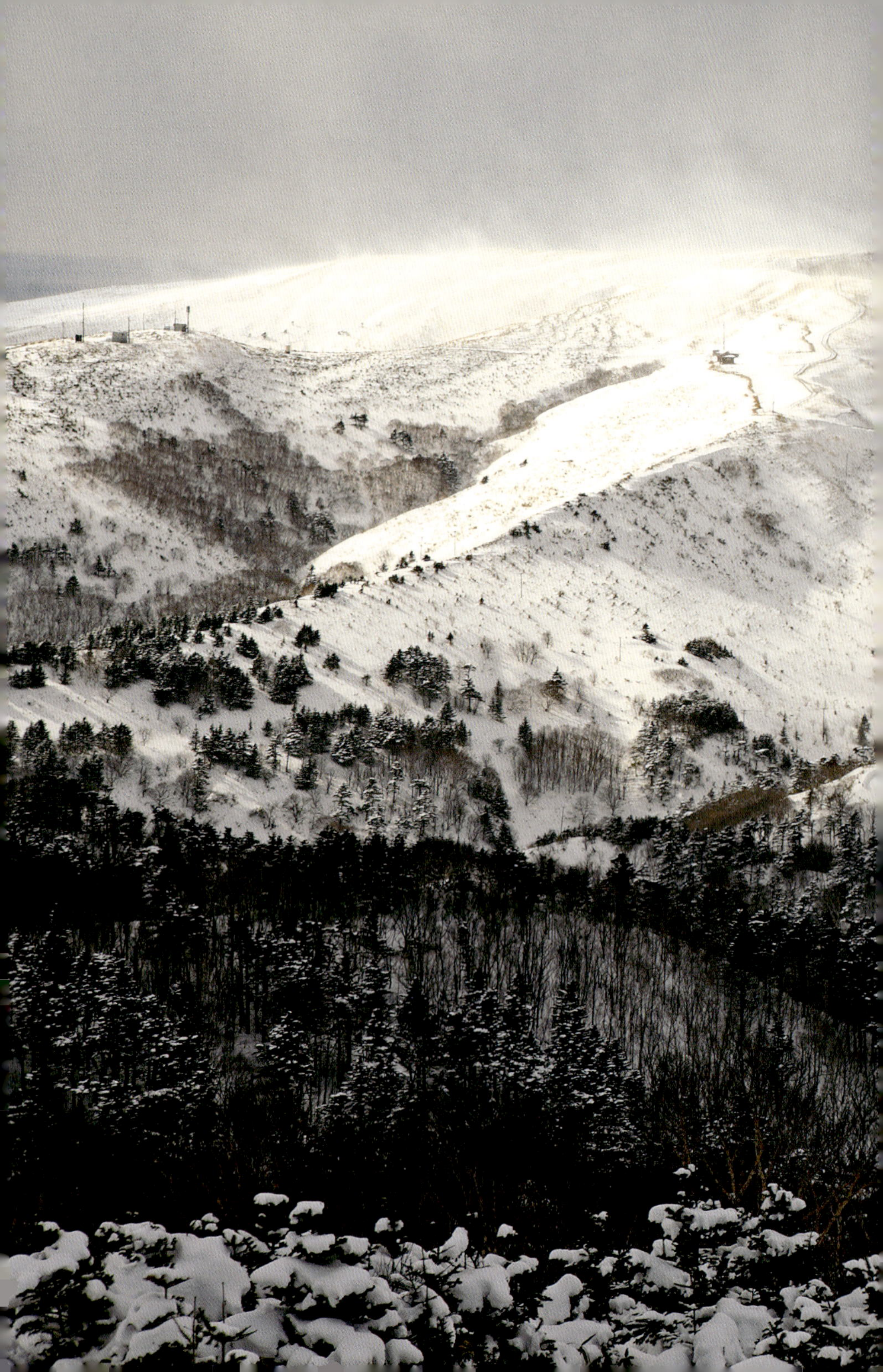

北西の風に雪煙を飛ばす桃岩
10.2.17. M

礼文 旅あんない

礼文島全体マップはP10に

島へ

　本州から稚内までは飛行機の直行便が便利だが、本数が少ないので早めに予約を。新千歳空港乗り継ぎで稚内空港または利尻空港へというルートもある。札幌からはJR特急の直通便が1日1本（所要5時間）。長距離バスは1日6本（所要6時間）、夜行バスも1本ある。
●札幌・大通バスセンター→稚内FT　片道6200円

　礼文島に渡るには稚内フェリーターミナル（FT）から礼文・香深港行きのフェリーに乗る。JR稚内駅からフェリー乗り場までは徒歩20分、稚内空港からはバスで35分かかる。利尻島まで飛行機で来て、礼文島にフェリーで渡る手もある。船は「ハートランドフェリー」で約2時間、夏4便、冬1～2便運行。礼文―利尻間は夏4便、冬1～2便。車両を積む場合は要予約、天候により欠航する場合があるので、当日運行状況の確認を。

大通バスセンター案内所●011-241-0241

ハートランドフェリー●0162-23-3780

歩く

　礼文島・香深港に着いたらまずは香深FT内の観光案内所へ。開花情報や散策道情報、バス時刻の確認や宿の予約ができる。定期観光バス券売所も。バス停やレンタカー、レンタバイクはFT前に。

　いざ花散策へ。路線バスは香深FTを起点にスコトン岬方面、知床方面、元地方面行きが1日3～5便運行。路線バスやハイヤーなどをうまく組み合わせて計画を立てよう。

　島の名所めぐりは初めての人は定期観光バスかハイヤーがおすすめ。自分のペースで回りたい人はレンタカーやバイク、自転車が香深FT前で借りられる。

　島の歴史や文化を知るには礼文町郷土資料館へ（香深FTそば）。縄文時代の遺跡発掘物には一見の価値あり。月曜休館（6～9月は無休）。

　歩き疲れたら温泉でのんびり。利尻山を眼前に眺めながら入る天然温泉礼文島温泉うすゆきの湯へ。入浴料600円。

　礼文島や北海道関係の本は町営書店&図書室Book愛ランドれぶんへ。香深FTから徒歩10分。信号そばの町民センター1階。月曜休館

礼文町産業課観光係●0163-86-1001
礼文町観光案内所●0163-86-2655
宗谷バス礼文営業所●0163-86-1020
礼文ハイヤー●0163-86-1320
石動ハイヤー●0163-86-1148
礼文観光レンタカー●0163-86-1360
＊他に大手レンタカーも

北のカナリアパーク
●0163-86-1001（礼文町産業課内）
※映画のロケ地を公園にして保存。景観良し。
5～10月、9～17時、無料

礼文町郷土資料館●0163-86-2119
（礼文町教育委員会内）

礼文島温泉うすゆきの湯●0163-86-2345
Book愛ランドれぶん●0163-86-2710

森林浴を楽しむなら緑ヶ丘公園キャンプ場へ。トドマツ林の中にあり、浜に出れば釣りもできる。香深FTから北へ5.6km。1泊600円、要テント持ち込み。小中学生300円
　レブンアツモリソウやウルップソウ、チシマギキョウなど山で見られない希少種は礼文町高山植物園で。培養レブンアツモリソウは開花期調整して8月まで展示。香深FTから北へ約17km、エリア峠。植物園に止まる定期バスは1日1便。
　久種湖畔の花や鳥、氷河地形を楽しめるのは久種湖畔キャンプ場。キッチン付きのコテージやバンガローもあり（別料金）、長期滞在におすすめ。1人泊600円。香深FTから北へ約21km。
　島の味を楽しむならタコカレーやツブ焼き、ホッケのちゃんちゃん焼きなどが登場する祭もいい。6月第1土曜／フラワーマラソン大会、6月中旬／アツモリ感謝祭、7月15日／厳島神社御輿渡行、7月中旬／水産祭、8月7日／湖畔祭、8月10日／海峡祭、9月中旬／オータムフェスタ。

緑ヶ丘公園キャンプ場
●0163-86-1001（礼文町建設課）

礼文町高山植物園●0163-87-2941

久種湖畔キャンプ場
●0163-87-3110 ⇒P14map

礼文島トレイルオフィシャルウェブ
＊島の歩道利用についての最新情報をまとめて紹介している

泊まる

主な宿を香深FTから近い順に紹介。出迎えや散策地までの送迎の有無などは予約の際に確認を。料金は1泊2食付き、素泊まり宿でも食事付き料金があることも。料金は時期によって変動あり。☆印は8時間コースの説明ができる宿

香深FT内宿泊案内●0163-86-1196
民宿花文(香深)●0163-85-7890／素泊5500円
旅館桜井(香深)●0163-86-1030／13000円～
民宿さざなみ(香深)●0163-86-1420／7500円～
☆民宿山光(香深)●0163-86-1891／素泊5500円
花れぶん(香深)●0163-86-1666／20000円～
☆ペンションうーにー(香深)●0163-86-1541／11000円～
旅館かもめ荘(香深)●0163-86-1873／9450円～
☆ネイチャーインはな心(津軽町)●0163-86-1648／8800円～

☆桃岩荘YH(元地)●0163-86-1421／相部屋5200円～
☆民宿海憧(船泊)●0163-87-2717／7500円～
☆プチホテル コリンシアン(船泊)●0163-87-3001／22000円
カメとはまなす(船泊)●0163-87-2887／素泊5500円
☆礼文荘(船泊)●0163-87-2755／8600円～
☆FIELD INN 星観荘(須古頓)●0163-87-2818／相部屋7000円～

散策ガイド(有料)希望の方は
礼文ガイドサービス●080-5548-6464

索引／礼文島の植物リスト

本文で紹介した植物は約200種だが、礼文島では外来種を含めて730種あまりの植物が確認されている。そのおもな植物445種の花期（「5中」は5月中旬の意）を示し、本文に掲載した種にはページ数を付した。検索しやすいよう、「エゾ」など名前の一部に色付けした。

ア
アイヌタチツボスミレ・5中〜・P34
アイヌワサビ・5中〜
アオスズラン➡エゾスズラン
アオチドリ・6上〜・P27
アカツメクサ➡ムラサキツメクサ
アカネムグラ・8上〜・P67
アカバナ・7中〜・P60
アカミノルイヨウショウマ・6中〜
アキカラマツ・7中〜・P76
アキグミ／帰・6中〜
アキタブキ・3下〜・P17
アキノウナギツカミ・8中〜
アケボノセンノウ／帰・7中〜
アサギリソウ・8下〜・P84
アスヒカズラ・8上
アツモリソウ・6中〜・P26
アナマスミレ・6上〜・P34
アブラガヤ・7下〜
アメリカオニアザミ／帰・8上〜
アリドオシラン・7下〜・P68

イ
イケマ・8上〜・P70
イソツツジ・6中〜
イタヤカエデ・5下〜
イチゲフウロ・7中〜
イチヤクソウ・8上〜・P69
イヌゴマ・7中〜
イブキジャコウソウ・7下〜・P84
イブキトラノオ➡エゾイブキトラノオ
イワアカバナ・7上〜・P60
イワガラミ・7下〜・P79
イワキンバイ・6下〜
イワツツジ・6中〜・P42
イワノガリヤス・8上〜
イワベンケイ・5下〜・P31
イワミツバ・7中〜・P46
イワヨモギ・8上〜・P76

ウ
ウコンウツギ・6上〜
ウシタキソウ・8上〜

ウツボグサ／帰・6下〜
ウド・7中〜
ウマノミツバ・8上〜・P46
ウメガサソウ・7下〜・P69
ウメバチソウ➡エゾウメバチソウ
ウラシマツツジ・6上〜
ウラジロキンバイ・7中〜
ウラジロタデ・8上〜
ウルップソウ・6上〜・P33
ウンラン・8上〜・P74

エ
エゾアカバナ・7中〜・P60
エゾイチゲ・6上〜・P18
エゾイチゴ・6中〜
エゾイヌナズナ・5上〜・P29
エゾイブキトラノオ・7上〜・P56
エゾイラクサ・8上〜
エゾウスユキソウ・P55
エゾウメバチソウ・7下〜・P80
エゾエンゴサク・4中〜・P16
エゾオオバコ・5下〜
エゾオグルマ・7中〜・P75
エゾオトギリソウ・8上〜・P56
エゾオヤマリンドウ・8上〜・P84
エゾカラマツ・6中〜
エゾカワラナデシコ・7上〜・P55/77
エゾカンゾウ・6中〜・P44
エゾキケマン・5下〜
エゾコゴメグサ・8中〜
エゾゴマナ・8上〜・P67
エゾシモツケ・6中〜
エゾシロネ・8下〜
エゾスカシユリ・6下〜 P41
エゾスグリ・6上〜
エゾスズラン・7下〜・P68
エゾタカネツメクサ・P56
エゾタチカタバミ・8上〜
エゾタツナミソウ・6下〜
エゾタンポポ・7上〜
エゾチドリ・6中〜・P60
エゾツツジ・6中〜・P43

エゾツルキンバイ・8上〜
エゾトリカブト・9上〜
エゾナミキ・7中〜・P74
エゾニュウ・7中〜・P47
エゾニワトコ・6中〜
エゾネギ・6中〜
エゾノアオイスミレ・5上〜・P34
エゾノイワハタザオ・6上〜・P31
エゾノカワヂシャ・7上〜
エゾノカワラマツバ・7上〜
エゾノギシギシ／帰・8上〜
エゾノキリンソウ・7中〜
エゾノコウボウムギ・6上〜
エゾノコギリソウ・7下〜・P71
エゾノコンギク・8下〜・P85
エゾノシシウド・6下〜・P47
エゾノチチコグサ・6中〜
エゾノハクサンイチゲ・5中〜・P28
エゾノミズタデ・7上〜
エゾノバッコヤナギ・3下〜
エゾノヨツバムグラ・6中〜
エゾノヨロイグサ・7上〜・P47
エゾノリュウキンカ・4中〜・P16
エゾノレンリソウ・6下〜・P59
エゾヒナノウスツボ・7上〜
エゾヒメアマナ・5下〜・P30
エゾヒョウタンボク・7中〜
エゾフユノハナワラビ・9下〜・P85
エゾヘビイチゴ・6中〜
エゾボウフウ・6中〜・P46
エゾミソハギ・8下〜
エゾムカシヨモギ・7中〜・P56
エゾヤマザクラ・6上〜
エゾヤマハギ・8下〜・P70
エゾユズリハ・6上〜
エゾリンドウ➡ P84
エゾルリムラサキ・6下〜・P32
エンレイソウ・5下〜・P17

オ
オオアマドコロ・6中〜
オオアワダチソウ／帰・8下〜

オオイタドリ・7 中〜
オオウサギギク・8 中〜・P32
オオウバユリ・8 上〜・P69
オオカサモチ・6 中〜・P46
オオダイコンソウ・7 上〜・P49
オオタカネバラ・6 中〜・P45
オオタチツボスミレ・6 上〜・P34
オオチドメ・7 中〜
オオツリバナ・6 中〜
オオバコ・7 中〜
オオバスノキ・6 中〜
オオバセンキュウ・8 下〜・P46
オオバタチツボスミレ・6 下〜・P34
オオバタネツケバナ・5 下〜
オオハナウド・6 下〜・P46
オオバナノエンレイソウ・5 中〜・P17
オオバナノミミナグサ・6 中〜・P27
オオハンゴンソウ/帰・8 上〜
オオブキ→アキタブキ
オオミミナグサ・6 上〜
オオヤマサギソウ・8 中〜・P68
オオヤマフスマ・6 中〜・P41
オオヨモギ・8 下〜
オオヒジキ・8 中〜
オクエゾサイシン・5 下〜
オククルマムグラ・6 下〜・P43
オクノカンスゲ・6 上〜
オトギリソウ・7 下〜・P56
オトコヨモギ→ハマオトコヨモギ
オニシモツケ・7 下〜・P58
オニツルウメモドキ・7 中〜
オニノヤガラ・7 中〜
オニハマダイコン/帰・7 下〜・P79
オニユリ/帰・8 中〜
オノエヤナギ・4 下〜

カ
カキドオシ・6 上〜
カセンソウ・7 下〜・P74
カマヤリソウ・6 中〜
カモガヤ・7 下〜・P78
カラフトアカバナ・8 下〜・P60
カラフトアツモリソウ・6 上〜・P26
カラフトイチヤクソウ・7 上〜・P57
カラフトゲンゲ・7 上〜・P48
カラフトダイコンソウ・5 下〜・P49
カラフトニンジン・8 下〜・P47
カラフトノダイオウ・8 上〜

カラフトハナシノブ・6 上〜・P43
カラフトヒロハテンナンショウ・6 上〜・P49
カラフトマンテマ→チシママンテマ
ガンコウラン・4 中〜・P80
カンチコウゾリナ・7 上〜・P57
カンボク・6 下〜

キ
帰化種（外来種/移入種）・P78
キクバクワガタ→シラゲキクバクワガタ
キジムシロ・5 上〜・P18
キショウブ/帰・6 中〜
キタノコギリソウ・7 下〜・P71
キツネヤナギ・5 下〜
キツリフネ・7 下〜
キバナシャクナゲ・5 中〜・P32
キバナノアマナ・4 下〜・P30
キバナノコマノツメ・5 下〜・P34
ギョウジャニンニク・6 下〜・P56
キヨスミウツボ・7 中〜
キンミズヒキ・7 下〜・P77
ギンラン・6 中〜・P27
ギンリョウソウ・7 中〜

ク
クゲヌマラン・6 上〜・P27
クサフジ・7 上〜・P59
クサレダマ・7 下〜・P71
クマイザサ・6 中〜
クモキリソウ・7 上〜・P60
クルマバソウ・6 中〜・P43
クルマバツクバネソウ・5 中〜・P26
クルマバナ・8 中〜・P70
クルマユリ・7 下〜
クロウスゴ・6 上〜
クロツリバナ・6 上〜
クロユリ・6 上〜・P28

ケ
ケヨノミ・6 上〜
ゲンノショウコ・7 上〜

コ
コイチヤクソウ・7 中〜・P69
コイチヨウラン・7 下〜・P68
コウゾリナ・8 下〜・P57
コウボウ・6 中〜
コウボウシバ・6 上〜
コウボウムギ・6 中〜
コウライテンナンショウ→マムシグサ
コウリンタンポポ/帰・7 上〜・P79

コオニユリ/帰・8 中〜
コガネギク・8 下〜・P84
コキンバイ・5 中〜・P18
コケイラン・6 中〜・P41
コケモモ・6 下〜・P42
コジカギク/帰・6 下〜
コシロネ・8 下〜
ゴゼンタチバナ・6 下〜・P44
コフタバラン・6 下〜・P69
コミヤマカタバミ・5 下〜・P28
コメガヤ・7 中〜
コメススキ・6 下〜
コモチイワレンゲ→レブンイワレンゲ

サ
サイハイラン・6 下〜・P60
サクラソウモドキ・5 下〜・P28
ザゼンソウ・4 下〜・P16
サラシナショウマ・8 中〜・P81
サルナシ（コクワ）・7 上〜

シ
シオガマギク・8 中〜・P76
シカギク・7 下〜
シコタンスゲ・6 中〜・P30
シコタンソウ・6 中〜
シコタンヨモギ・8 下〜・P76
シャク・6 中〜・P46
ジャコウアオイ/帰・8 上〜
ジャニンジン・6 上〜
ショウジョウスゲ・4 中〜・P18
シラオイハコベ・7 下〜
シラゲキクバクワガタ・5 下〜・P28
シラネニンジン・7 下〜・P46
シロスミレ・6 下〜・P34
シロツメクサ/帰・7 下〜
シロネ・8 上〜
シロバナニガナ・7 上〜
シロヨモギ・7 中〜・P57
シンパク→ミヤマビャクシン
ジンヨウイチヤクソウ・7 中〜・P68

ス
スガモ・6 上〜
ススキ・9 上〜
スズムシソウ・6 中〜
スズメノヤリ・6 上〜
スズラン・6 上〜・P29
スナビキソウ・7 上〜
スミレの仲間・P34

93

セ
セイヨウタンポポ / 帰・5 中〜・P78
セイヨウワサビ / 帰・7 下〜
セリ・8 上〜・P46
セリ科 11 種・P46/47
センダイハギ・6 上〜・P42
センニンモ・7 上〜
センボンヤリ・5 上〜・P19

タ
ダイセツイワスゲ・6 上〜
ダイモンジソウ・7 中〜・P76
タカネグンバイ・6 上〜・P29
タカネナナカマド・6 上〜・P43
ダケカンバ・5 下〜
タチギボウシ・7 中〜
タニギキョウ・6 下〜・P58
タニソバ・7 中〜

チ
チシマアオチドリ・6 上〜
チシマアザミ・7 中〜・P58
チシマアマナ・5 中〜
チシマオドリコソウ・8 上〜
チシマギキョウ・6 下〜・P32
チシマキンレイカ・6 中〜・P42
チシマゲンゲ→カラフトゲンゲ
チシマコザクラ→トチナイソウ
チシマザクラ・6 上〜
チシマザサ（ネマガリタケ）・8 上〜
チシマゼキショウ・5 下〜・P29
チシマネコノメソウ・5 上〜
チシマフウロ・6 中〜・P44
チシママンテマ・7 中〜・P80
チシマリンドウ・8 上〜・P74
チシマワレモコウ・7 下〜・P67
チョウセンゴミシ・5 下〜
チョウノスケソウ・5 中〜・P33
チングルマ・6 中〜

ツ
ツタウルシ・6 上〜・P9
ツバメオモト・6 上〜・P31
ツボスミレ→ニョイスミレ
ツマトリソウ・6 上〜・P45
ツリガネニンジン・7 中〜・P66
ツルアジサイ・7 中〜・P79
ツルシキミ・5 中〜
ツルツゲ・6 下〜
ツルニガクサ・7 下〜

ツルリンドウ・8 中〜・P84

テ
テンキグサ・8 上〜

ト
トウゲブキ・7 上〜・P67
トガスグリ・5 上〜
ドクゼリ・8 上〜・P46
トチナイソウ・5 下〜・P32
トドマツ・6 上〜・P5
トラキチラン・7 下〜
トリアシショウマ・7 上〜

ナ
ナガボノシロワレモコウ・P67
ナギナタコウジュ・8 下〜・P85
ナデシコ→エゾカワラナデシコ
ナナカマド・6 中〜
ナニワズ・5 上〜・P17
ナミキソウ・7 下〜・P74
ナワシロイチゴ・6 中〜
ナンバンハコベ・8 上〜

ニ
ニオイスミレ / 帰・4 下〜・P34
ニシキゴロモ・5 上〜
ニッコウキスゲ→エゾカンゾウ
ニョイスミレ・6 中〜・P34
ニリンソウ・5 中〜

ヌ
ヌカボシソウ・6 上〜

ネ
ネジバナ・8 上〜・P76
ネムロコウホネ・8 中〜
ネムロシオガマ・6 上〜・P27
ネムロスゲ・6 上〜
ネムロブシダマ・6 下〜

ノ
ノイバラ・6 上〜
ノウゴウイチゴ・6 中〜
ノダイオウ・8 上〜
ノハラナデシコ / 帰・6 下〜
ノビネチドリ・6 上〜・P27
ノブドウ・8 中〜
ノリウツギ・7 中〜・P79
ノラニンジン / 帰・8 中〜・P46

ハ
ハイイヌツゲ・6 上〜
ハイオトギリ・7 中〜
ハイキンポウゲ・6 上〜

バイケイソウ・6 上〜・P57
ハイネズ・5 下〜
ハイマツ・6 上〜
ハクサンシャジン→ツリガネニンジン
ハクサンチドリ・5 下〜・P27
ハチジョウナ・8 中〜・P74
ハッカ・8 上〜
ハナイカリ・8 上〜・P70
ハナニガナ・6 下〜
ハマウツボ・7 中〜・P74
ハマエンドウ・6 中〜・P59
ハマオトコヨモギ・P74
ハマタイセイ・6 下〜
ハマツメクサ・7 中〜
ハマナス・6 下〜・P45
ハマニガナ・7 中〜
ハマハコベ・6 中〜
ハマハタザオ・5 中〜・P31
ハマヒルガオ・7 中〜
ハマベンケイソウ・7 上〜・P58
ハマボウフウ・7 中〜・P47
ハリエンジュ / 帰・7 中〜
ハルザキヤマガラシ / 帰・6 上〜
ハンゴンソウ・8 中〜・P80
ハンノキ・4 中〜・P15

ヒ
ヒオウギアヤメ・6 中〜・P41
ヒカゲノカズラ・7 中〜
ヒトリシズカ・5 中〜・P17
ヒメイズイ・6 上〜・P27
ヒメイチゲ・5 下〜・P19
ヒメイワタデ・6 中〜・P57
ヒメエゾネギ・7 上〜・P59
ヒメゴヨウイチゴ・6 上〜
ヒメシロネ・8 下〜
ヒメスイバ / 帰・6 中〜
ヒメハナワラビ・6 下〜・P29
ヒルガオ・8 上〜
ヒロハウラジロヨモギ・8 上〜・P84
ヒロハクサフジ・6 下〜・8 上・P59
ヒロハツリバナ・6 下〜
ヒロハノエビモ・7 中〜

フ
ブタナ / 帰・7 上〜・P78
フタナミソウ/6 中〜・P33
フタバラン→コフタバラン
フデリンドウ・5 下〜・P18

フトイ・8中～
フランスギク / 帰・6中～・P79
ヘ
ベニバナヒョウタンボク・6上～
ベニバナヤマシャクヤク・7下～
ヘラオオバコ / 帰・7上～
ホ
ホウチャクソウ・6上～
ホウノキ・6中～
ホザキシモツケ / 帰・6下～
ホザキナナカマド・7下～
ホソノゲムギ / 帰・8上～
ホソバコンロンソウ・5中～・P32
ホソバツメクサ・7中～
ホソバノアマナ・5下～・P30
ホソバノツルリンドウ・9中～・P84
ホソバノヨツバムグラ・8中～
ホタルサイコ・7下～
マ
マイヅルソウ・6上～・P26
マムシグサ・6上～・P49
マメ科4種・P59
マユミ・5中～
マルバトウキ・6中～・P47
ミ
ミズバショウ・4中～・P16/86
ミゾガワソウ・7上～・P70
ミゾソバ・7下～
ミズホオズキ・7中～
ミツガシワ・6中～
ミツバ・8上～・P46
ミツバベンケイソウ・8上～
ミネヤナギ・5中～
ミミコウモリ・8上～・P68
ミミナグサ・6下～
ミヤウチソウ→ホソバコンロンソウ
ミヤケラン・7中～・P60

ミヤマイボタ・6中～
ミヤマオダマキ・5下～・P30
ミヤマガマズミ・6下～
ミヤマキンポウゲ・6中～・P45/86
ミヤマザクラ・6上～・P48
ミヤマスミレ・6下～・P34
ミヤマセンキュウ・8上～・P46
ミヤマタニタデ・7中～・P58
ミヤマトウバナ・7中～
ミヤマハタザオ・6上～・P31
ミヤマハンノキ・5中～・P28
ミヤマビャクシン・5上～
ミヤママタタビ・6下～
ミヤマラッキョウ・6下～・P59
ム
ムカゴイラクサ・7下～
ムカゴトラノオ・7中～・P70
ムラサキタンポポ→センボンヤリ
ムラサキツメクサ / 帰・7上～・P78
メ
メマツヨイグサ / 帰・8中～
モ
モジズリ→ネジバナ
モミジカラマツ・6下～
ヤ
ヤチブキ→エゾノリュウキンカ
ヤナギタンポポ・8上～・P76
ヤナギトラノオ・7上～
ヤナギラン・7下～
ヤブニンジン・6下～・P46
ヤマアワ・8下～
ヤマクルマバナ・7上～
ヤマタツナミソウ・6中～
ヤマニガナ・8上～
ヤマハナソウ・6中～・P41
ヤマハハコ・8上～・P76
ヤマブキショウマ・6下～・P60

ヤマブドウ・6下～
ユ
ユウゼンギク / 帰・8下～・P85
ヨ
ヨシ・8上～・P15
ヨツバシオガマ→レブンシオガマ
ヨツバヒヨドリ・7下～・P81
ヨブスマソウ・7上～・P68
ヨーロッパタイトゴメ / 帰・8上～
リ
リシリソウ・7中～・P56
リシリビャクシン・5上～
リシリブシ・8中～・P85
ル
ルピナス / 帰・7下～
レ
レブンアツモリソウ・5下～・P24
レブンイワレンゲ・9中～・P82
レブンウスユキソウ・6中～・P55
レブンカラマツ→アキカラマツ
レブンキンバイソウ・6中～・P45
レブンコザクラ・5中～・P35/86
レブンサイコ・7下～・P58
レブンシオガマ・6下～・P40
レブンスゲ（オノエスゲ）・6下～
レブンソウ・6中～・P48
レブンタカネツメクサ・7中～・P56
レブントウヒレン・8中～・P77
レブンハナシノブ→カラフトハナシノブ
レンプクソウ・6上～
ワ
ワサビ・5上～

鳥・動物
エゾシマリス・P64
ゴマフアザラシ・P87
ホシガラス・P64

参考文献 梅沢俊『北海道山の花図鑑 利尻島・礼文島』北海道新聞社（1997年）、梅沢俊『新版 北海道の高山植物』北海道新聞社（2009年）、梅沢俊『新 北海道の花』北海道大学出版会（2007年）、清水建美・木原浩『山渓ハンディ図鑑8 高山に咲く花』山と渓谷社（2002年）、佐竹義輔・大井次三郎・北村四郎・亘理俊次・富成忠夫編『日本の野生植物―草本』平凡社（1982年）、佐藤謙『北海道高山植生誌』北海道大学出版会（2007年）

取材協力（順不同、敬称略） 北海道宗谷総合振興局稚内建設管理部礼文出張所、礼文町役場産業課、ハートランドフェリー、高橋英樹（北海道大学総合博物館）、河原孝行（森林総合研究所北海道支所）、愛甲哲也（北海道大学大学院農学研究院）

あとがき

礼文島に移り住んで4年目の1995年に『礼文 花の島花の道』を出版、その後2001年には全面改訂をほどこして新版となりました。最初の出版から16年、ともに生きる家族のような存在となり、島に住む人や訪れる人に愛され育まれて版を重ねることができました。この本たちのおかげで多くの人と出会い、知識や情報もたくさんいただきました。相変わらずの貧乏暮らしではありますが、その蓄積こそが私たちの大きな財産だと自負します。それらをすべてつぎ込んで、島の未来を感じさせる本を作りたい――。花歩きのための適切な情報と、自然から受け取る情緒が心地よく同居する本を目指しました。

ブックデザイナーの中島祥子さん、編集の北海道新聞社出版センター・仮屋志郎さんに感謝申し上げます。今は、紙の本といえどもデジタル作業がほとんどです。時代は確かに大きく変わりましたが、一番大切なのは「よい本を作る」という人の思いであることを痛感できたハードで愛しい本づくりの日々でした。

2012年3月　著者

著者略歴

杣田美野里（そまだ・みのり）写真のクレジットM

植物写真家・エッセイスト。1955年東京都八王子市生まれ。植物を中心に自然写真を撮影。NPO法人礼文島自然情報センター理事長。本名・宮本栄子。2021年逝去。
主な著者に『キャンサーギフト 礼文の花降る丘へ』（北海道新聞社）、『サロベツ・ベニヤ 天北の花原野』『礼文・利尻 花と自然の二島物語』（宮本と共著、同）などがある。

宮本誠一郎（みやもと・せいいちろう）写真のクレジットS

自然写真家。1960年千葉県柏市生まれ。風景、野鳥、昆虫、植物などの自然写真を撮影。最近は礼文島の生き物の調査に力を注ぐ。レブンクル写真事務所主宰。レブンクル自然館代表。
主な著書に花散策ガイド『新版 礼文 花の島花の道』『新版 利尻 山の島花の道』『サロベツ 花原野花の道』のシリーズ3部作（いずれも杣田と共著、北海道新聞社、絶版）などがある。
現住所／〒097-1201　北海道礼文郡礼文町チャシトンス13

礼文 花の島を歩く

2012年4月30日　初版第1刷発行
2023年4月10日　初版第4刷発行

著　者　●　杣田美野里・宮本誠一郎
　　　　　　(そまだ みのり)　(みやもとせいいちろう)
発行者　●　近藤　浩
発行所　●　北海道新聞社
〒060-8711
札幌市中央区大通西3丁目6
出版センター
（編集）電話 011-210-5742
（営業）電話 011-210-5744
https://shopping.hokkaido-np.co.jp/book

印刷・製本所　●　株式会社アイワード
ブックデザイン・イラストレーション　●　中島祥子
DTP　●　小林桂子（広作室）

乱丁・落丁本は出版センター（営業）にご連絡くださればお取り換えいたします。

ISBN978-4-89453-646-3
©SOMADA Minori,
MIYAMOTO Seiichirou 2012,
Printed in Japan